BAYESYEN ANALİZ

BAYESYEN ANALİZ

Burcu ÖNGEN BİLİR

ISBN: 978-605-69802-7-5

Birinci Baskı: Kriter Yayınevi 2019 / İSTANBUL

Yayınevi Sertifika No: 45353

Anahtar Kelimeler: Bayes Yöntemleri, Markov Zinciri Monte Carlo, Önsel Dağılımlar, Değişim Noktası Analizi

Birinci Baskı, 138 s. 13,5 cm x 21 cm

Kaynaklar var, Dizin Yok.

Kapak Tasarımı: Ahmet Baran

Mizanpaj: Kriter Yayınevi

Baskı: Birlik Fotokopi Baskı Ozalit ve Büro Malzemeleri San. ve Tic. Ltd. Şti. Yıldız Mahallesi Çırağan Cad. No: 51 Nolu Mağaza Beşiktaş/ İSTANBUL

Matbaa Sertifika no: 20179

İletişim

Hobyar Mah. Ankara Cad. Güncer Han No: 17 Daire 306

Fatih / İSTANBUL

Tel : 0 212 527 31 89

info@kriteryayinevi.com

www.kriteryayinevi.com

BAYESYEN ANALİZ

Burcu ÖNGEN BİLİR

Birinci Baskı

2019 – İstanbul

KRİTER

ÖNSÖZ

Bayesyen Analiz başlıklı bu kitap, doktora tezimin teorik ve uygulama kısmı temel alınarak derlenmiştir. Bu kitapta, bayesgil istatistik, monte carlo similasyonu, R programı gibi konulara yer verilmiştir. Bayesyen analiz, tarihçesi, örnek uygulama ile ilgili konular ayrıntılı olarak incelenmiştir. Bu çalışmada, Bayes analizi MCMC yöntemleriyle hesaplanarak, R yazılım programıyla, maden kazaları verileri kullanılarak Markov Zinciri Monte Carlo Simülasyonu değişim noktası analizi yapılmıştır. Böylelikle her bir parametreye ilişkin sonsal dağılımları hesaplayarak, marjinal sonsal dağılım grafikleri ortaya çıkarılmıştır.

Bu çalışma, beş yıllık (2011-2016) bir emeğin ürünüdür. Bu süreçte; öğrencisi ve asistanı olmaktan gurur duyduğum, kendisinden akademik hayat ve gerçek hayata değer engin tecrübelerinden faydalandığım, beni her alanda yönlendiren ve destekleyen sayın Prof. Dr. Mustafa AYTAÇ hocama sonsuz teşekkür ederim. Burada adı geçmeyen öğrenciliğimde ve asistanlığımda üzerimde emeği olan başta Prof. Dr. Nuran BAYRAM ARLI hocama ve tüm öğretim üyelerine, yardımcılarına teşekkürü bir borç bilirim.

Burcu ÖNGEN BİLİR

İÇİNDEKİLER

ÖNSÖZ V

BİRİNCİ BÖLÜM

BAYESYEN İSTATİSTİK 1

1. GENEL BİLGİLER 1

1.1. Bayesyen İstatistiğin Tarihçesi 1

1.2. İstatistikte Bayesyen Yaklaşım 2

1.3. Bayesyen İstatistiğin Temelleri 5

1.3.1. Veri Modelleri 6

1.3.2. Önsel Dağılım 6

1.3.3. Olabilirlik Fonksiyonundan Sonsal Dağılıma Geçiş . 7

1.3.4. Sonsal Dağılım Özetleri 8

1.3.5. Öngörü Dağılımları 8

1.4. Bayes Teoremi 9

1.5. Stokastik Süreçler 13

1.5.1. Poisson Süreci 14

1.5.2. Gauss Süreci 19

1.6. Yapısal Kırılma 23

1.7. Bayesyen İstatistikte Parametre Tahmini 23

1.8. Markov Zinciri Ve Monte Carlo Simülasyon Yöntemi 27

1.8.1. Monte Carlo İntegrasyonu 28

1.8.1.1. Önem Örneklemesi 30

1.8.2. Markov Zinciri 30

1.8.2.1. Markov Zincirinin Genel Özellikleri 33

1.8.2.1.1. Homojenlik 33

1.8.2.1.2. İndirgenemezlik (Irreducibility) 33

1.8.2.1.3. Tekrarlanma (Recurrence) 33

1.8.2.1.4. Durağanlık (Stationarity) 34

1.8.2.1.5. Ergodiklik (Ergodicity) 34
1.8.3. Popüler MCMC Algoritmaları 35
1.8.3.1. Metropolis-Hastings Algoritması 35
1.8.3.2. Tek Bileşenli Metropolis- Hastings Algoritması 39
1.8.3.2.1. Resmi olmayan türetme (An Informal Derivation) 42
1.8.3.2.2. Resmi türetme (A More Formal Derivation) 43
1.8.3.3. Tersinir Atlamalı Markov Zinciri Monte Carlo 46
1.9. Gibbs Örneklemesi 47
1.9.1. Gibbs Örneklemesi İçinde Metropolis 48
1.9.2. Gibbs örneklemesi kesiti 50
1.10. Metropolis-Hasting Ve Gibbs Arasındaki İlişki 51
1.11. The Metropolis–Hastings–Green Algoritması 52
1.12. R Paket Programı 54
1.13. Mcmc Notasyonları 55
1.13.1. Başlangıç Noktası 55
1.13.2. Zincirin Azaltılması 56
1.13.3. Burn-İn Periyodu 57
1.13.4. Etkin Örneklem Hacmi 57
1.13.5. Sapmanın Bilgi Kriteri 58
1.13.6. Öneri Dağılımının Kanonik Formu 58
1.13.7. Güncelleştirme Sırası 59
1.13.8. Durdurma Zamanı Belirleme 59
1.13.9. Çıkarsama ve Yakınsama Zamanı Belirleme 59
1.13.10. Bloke Etme 60
1.13.11. Çıktı Analizi 60

İKİNCİ BÖLÜM

BAYESYEN DEĞİŞİM NOKTASI MODELLERİ 63

2. GİRİŞ 63

2.1. Model Uzantıları 67

2.2. Önsel Dağılım 68

2.3. Sonsal Dağılım 69

2.4. Değişim Noktası Modelinin Markov Durum Uzayı Formu 70

2.5. Değişim Noktasının Markov Yapısı 72

2.6. Değişim Noktası Modelinin Tahmini 73

2.6.1. Tersinir Atlama Algoritması MCMC Yaklaşımı 73

2.6.1.1. Öngörü Dağılımı 75

2.6.1.2. Model Uzantıları 76

2.6.2. Parçacık Filtresi 77

2.6.2.1. Model Uzantıları 78

2.6.3. İleri- Geri Algoritma 79

2.6.3.1. İleri Aşama 80

2.6.3.2. Geri Aşama 81

2.6.3.3. Model Uzantıları 83

2.7. Poisson Sürecinde Değişim Noktası Analizi 84

2.7.1. Çoklu Değişim Noktası Analizi 87

2.7.2. Çoklu Değişim Noktasına Alternatif Yaklaşım 90

ÜÇÜNCÜ BÖLÜM

UYGULAMA 93

3. TÜRKİYE'DEKİ MADEN KAZASI VERİLERİYLE DEĞİŞİM NOKTASI ANALİZİNİN UYGULAMASI 93

3.1. Türkiye'de Maden Kazaları 94

3.2. Poisson Değişim Noktası Modeli 96

DÖRDÜNCÜ BÖLÜM
SONUÇ VE ÖNERİLER 105

TERİMLER SÖZLÜĞÜ 108

KAYNAKÇA 109

EK-1: R KODLARI 125

BİRİNCİ BÖLÜM

BAYESYEN İSTATİSTİK

1. GENEL BILGILER

1.1. Bayesyen İstatistiğin Tarihçesi

20. yüzyılın başlarında bilimde Bayesyen istatistik oldukça popülerdi. Ancak 1980'lere kadar Bayesyen istatistik klasik teoriye sadece alternatif bir yöntem olarak görüldü. Klasik teori ve Bayesyen yaklaşım arasındaki önemli fark, Bayesyen yaklaşımda önsel dağılımdan gelen parametreler rassal değişken olarak ifade edilir. İstatistiksel çıkarsamaya dayanan, önsel dağılım olabilirlik fonksiyonu sonucunda elde edilen sonsal dağılımla birleştirilir. Bayesyen teorisinin temel aracı olasılık teorisi olmasına rağmen, Bayesyenler çeşitli nedenlerle azınlık olarak görülmüşlerdir. Klasik istatistikçilerin en temel itirazı, Bayesyen istatistikçilerin öznel bakış açısına sahip oldukları ve önsel dağılımlarla analiz yapmalarıdır. Tarihin ispatladığı gibi, Bayes teorisinin kurulamamasının esas nedeni veri analizinde sonsal dağılımın hesaplanmasında kabul edilebilir sayısal yaklaşım olarak görülmesidir. Asimptotik yöntemler belli başlı problemlerde çözüm sağlamaktadır, ancak hiçbir genelleme mümkün değildir. 1990 yılına kadar iki grup istatistikçi yeniden MCMC yöntemini ortaya koymuşlardır (Gelfand & Smith, 1990: 400). Fizikçiler 1950'lerden beri MCMC teorisine yabancı değillerdi. Nick Metropolis ve arkadaşları ilk elektronik süper bilgisayarlar geliştirerek, Monte Carlo tekniklerini kullanarak fizik teorilerini test etmişlerdir. MCMC

yönteminin uygulanması kişisel bilgisayarların hızla gelişmesiyle popüler hale gelmiştir. Bayesyen istatistik birdenbire popüler olarak, istatistiksel araştırmalarda yeni yollar açmıştır. MCMC yöntemi kullanılarak geleneksel yöntemlerin çözemediği karmaşık modeller tahmin edilebilir.

1990'lı yıllarda MCMC yaklaşımı istatistik biliminde ilk yöntem olarak kullanıldığında, bu yöntemle ilgili birçok makale literatürde yer almıştır. 1990-1995 yılları arasında, MCMC ile ilgili araştırmalarda, çeşitli popüler modellerin uygulanmasında yeni yöntemler kullanılmıştır. MCMC yönteminin geliştirilmesi de rassal etkilerin ve hiyerarşik modellerin uygulanmasını teşvik etmiştir.

1990 yılı ortalarına kadar, MCMC yöntemlerindeki gelişim ve büyüme istatistiksel araştırmalarda görülmüştür. Otomatik örneklemlerle herhangi bir veri seti doğrudan uygulanabilir olacaktır. Kapsamlı bir inceleme için, model ve değişken değerlendirilmesi için tasarlanmış çeşitli örnekler de üretilmektedir. Uygun örnekleme ve anakütle tabanlı MCMC yöntemleri de MCMC algoritmalarının daha yeni gelişiminde ilginç örnekler olarak kabul edilebilir.

Son olarak, genetikteki gelişmeler Bayes teorisinde yeni ivme kazandırmıştır. Örneklem hacmi ve değişkenler açısından büyük miktardaki verilerde geleneksel yöntemler uygulanamaz hale gelmiştir. Dolayısıyla, MCMC yöntemiyle birlikte kurulan bayesyen yöntemler, model oluşturmada kolaylık sağlamaktadır (Nyzoufras,2009: 194).

1.2. İstatistikte Bayesyen Yaklaşım

İstatistiksel araştırmalar ve gözlem sonuçları genellikle veri setindeki genel formu D = {x1, . . . , xn}, homojen gözlem olarak tanımlanır. İstatistiksel yöntemler gözlemlerden elde edilen sonuçlar ve benzer süreçlerin gelecekteki beklenen davranışlarını inceler. Ortaya çıkan istatistiksel sonuçlar açıkça olasılık modeli üzerine kurulur (Bernardo, 2008). Matematiğin diğer bilim dallarının aksine, istatistiksel çıkarsamalar geleneksel yöntemlerle hesaplandığında varsayımsal bazda eksiklikler ortaya çıkmaktadır. Bunun sonucunda, farklı analizler neticesinde yapılan çıkarsamalar birbirleriyle uyumsuz ve verilerin analiz sonuçları da birbirlerinden farklıdır. Lindley (1972) ve Jaynes (1976)'ın, çeşitli öğretici örnekleri vardır. İstatistiksel çıkarımın belirtilenin aksine, Bayesyen yaklaşım birleştirici bir mantıksal yapı sağlamak ve önerilen yöntemlerin karşılıklı tutarlılığı, belirli temeller üzerine kuruludur. Bayesyen yöntemleri istatistiksel çıkarım için tam bir paradigma olmakla beraber, Kuhn (1962) bilimsel bir devrim oluşturmaktadır. Bayesyen istatistik matematiksel olarak olasılıkların yorumlanmasını gerektirir. Laplace (1812), Jeffreys (1939) ve Finetti (1970) kitaplarında "Olasılık Teorisi"nden bahsetmişlerdir. Bayesyen yöntemler i) Olasılık teorisindeki istatistiksel yaklaşım problemlerini azaltmak ve bu sayede yeni kavramlara olan ihtiyacı en aza indirmek, ii) Geleneksel istatistiksel yöntemler arasında ayrıma hizmet etmek ve bazı mantıksal tutarsızlıkları mantıksal gerekçelerle kanıtlamaktadır. Bütün sonuçların esas temelinde, tüm belirsizlikleri olasılık dağılımıyla açıklamak, matematiksel bir ihtiyaç olduğu kanıtlanmaktadır. Ortak olasılık dağılımından yola çıkılarak bilinmeyen parametrelerin değerleri hakkında mevcut bilgiler açıklanması Bayesyen yaklaşımın temelini oluşturmaktadır. Geleneksel istatistiklere karşın Bayesyen istatistikte parametreler rasgele değişkenler olarak kabul edilir.

1990 yılından bu yana Bayesyen yöntemlerde dramatik bir büyüme olmuştur. Bugün bazı uygulamalarda, Bayesyen yaklaşım neredeyse öncü bir araştırma niteliğindedir. Verilerin az olduğu veya karmaşık yapıya sahip olduğu alanlarda frekansçı yöntemler hala geleneksel uygulama alanlarında Bayesyen yöntemlere göre daha baskın hale gelmektedir. Özellikle sosyal bilimlerde, verilerin yorumlanmasında kararların rolü oldukça etkili ve Bayesyen yöntemlerin öznelliği daha az direnç göstermektedir (Hagan, 2008: 90).

İstatistikte belli başlı zorluklar bulunmaktadır. Bu zorluklar tasarlanan kompleks çalışmalar, karmaşık veri setlerini özetleyen olasılık modelleri uydurmak, şu an hakkındaki sonuçlar ve geleceğe yönelik tahminler yapmaktır (Carlin & Louis, 2000: 15). İstatistiksel çalışmalar bilimsel keşifte, politika formülasyonlarında ve iş kararlarında önemli bir rol oynamaktadır. İstatistiksel uygulamalar her alanda görülmektedir: Klinik karar verme, çevresel risk yönetimi, sigorta oranlarının düzenlenmesi, yeni bir ürün piyasaya sürülürken nasıl karar verileceği ve fonların tahsis edilmesi gibi. Şu anda istatistiksel analizlerin çoğu istatistiksel paket programlarıyla yapılmakta olup bu yöntemlerin çoğu klasik, frekansçı ve istatistiksel felsefe temelli analizlerle yapılabilmektedir. Bu çerçevede en çok olabilirlik tahminleri kullanılarak hipotez testleri p değerine bağlı olmaktadır.

İstatistikte Bayesyen yaklaşım ve Bayesyen analiz frekansçı analize göre gitgide etkili ve pratik bir alternatif olarak ortaya çıkmaktadır. Bununla birlikte, Bayesyen yaklaşım nedensel yapının bir analiz seviyesinden yüksek bir analiz seviyesine geçişte nasıl çalışır sorusunu cevaplamak için oldukça uygun bir yaklaşımdır. Bayesyen yaklaşımda değişkenler rassal ve temel olarak değişkenlerin değerlerinde emin olmadığı durumda, ancak belirsizlik durumunda önsel yoğunluk $p(\theta)$ olarak karakterize edilebilir. Stokastik modellemede önsel dağılımların değiştirilmesinde büyük bir esneklik olmamakla birlikte, araştırmacının θ parametresi hakkında varsayımları gruplar arasında farklılıklar yarattığından $j = 1, \ldots, J$, grupların gözlemlenebilir özelliklerinin bir fonksiyonu olarak, $\theta j \sim f(zj, \gamma)$, γ bilinmeyen aşırı parametreler olarak tanımlanmaktadır. Bayesyen çerçevenin en önemli etkisi daha fazla gerçekçi duruma dayanmasıdır. Son yıllarda, ucuz ve hızlı işlem gücü istatistiksel yaklaşımın simülasyon tabanlı uygulamaları kullanan sosyal bilimciler için faydalı olmaktadır.

1.3. Bayesyen İstatistiğin Temelleri

Thomas Bayes olasılığın ilk subjektif tanımını yapan Bayes teoremini ortaya çıkaran bir matematikçidir. Bayes teoremine dayanan Bayesyen çıkarsamanın temelleri 1950'lerden sonra kullanılmaya başlanmıştır.

Bayesyen analizde aşağıdaki adımlar izlenmektedir:

1. Veri için olasılık modelinin formüle edilmesi.
2. Önsel dağılımlara karar verirken, veriler gözlenmeden önce bilinmeyen parametre değerleri ortaya koyulur.
3. İlk adımda gözlenebilen değişkenler ve veriye dayanan olabilirlik fonksiyonu oluşturularak olasılık modeli formüle edilir. İkinci adımda sonsal dağılımları belirlemek için olabilirlikten sonra önsel dağılımlar birleştirilir, veriler gözlendikten sonra bilinmeyen parametre değerleri tanımlanır.
4. Sonsal dağılımların önemli özelliklerini özetler veya sonsal dağılıma dayanan miktarları hesaplar.

Bayesyen istatistiğin ana hedefi model parametrelerinin sonsal dağılımlarını elde etmektir. Sonsal dağılım, parametreler hakkındaki bilgilerin ağırlıklı ortalamalarından önce önsel dağılımlar ve parametrelerin içerdiği gözlenen veriler hakkındaki bilgiyi en iyi şekilde ortaya koyabilir. Bayesyen açıdan bakıldığında, sonsal dağılımın uygun bir analiz yoluyla hemen hemen her çıkarımsal soruya cevap olabilir. Bunun yanında Bayesyen tahminlerde parametreler örneklemi tam anlamıyla temsil ettiği için en çok olabilirlikteki gibi asimptotik normallik varsayımına ihtiyaç yoktur.

1.3.1. Veri Modelleri

Bayesyen analizde ilk olarak, veri için olasılık modellerini seçmek gerekir. Bu süreç, eğer parametreler veri için olasılık dağılımı içeriyorsa veri modeli seçiminde klasik yaklaşıma benzerdir. Eğer n değeri y1,................,yn olarak gözlenir ve bilinmeyen parametre vektörü θ olarak gösterilir, daha sonra gözlenen değişkenler bağımsız olduğu varsayılır, veri için olasılık fonksiyonu p(yi | θ) olarak belirtilir. Bu durumda regresyon modellerinde i durum için xi eş değişkeni için olasılık fonksiyonu p(yi | xi, θ) olarak gösterilir.

1.3.2. Önsel Dağılım

Olasılık modeli oluşturulurken, Bayesyen analiz bilinmeyen model parametreleri için önceki dağılımının iddiasını gerektirir. Önsel dağılım, bilginin mevcut durumu temsil olarak gözlenebilirken, model parametreleri hakkındaki belirsizlikte ortadan kalkmaktadır.

Önsel dağılımları iki kategoriye ayırabiliriz. İlk yaklaşımda bilgilendirici önsel dağılım seçilmesi gerekir. Bilgilendirici önsel dağılım ilk başta aşırı subjektif ve bilim dışı olarak görülebilir. Bu endişeye karşılık olarak, bir veri modelinin seçiminde frekansçıların analizleri öznellikten yoksun değildir. Ayrıca, model parametreleri hakkında ek bilgi ya da önsel bilginin varlığı iddia ediliyorsa, veri analizinde bu tür bilgilerin eklenmemesi bilimsel olmayacaktır.

İkinci temel yaklaşım, önsel dağılımı seçerken model parametreleri hakkında bilgi vermeyen yapı oluşturulmaktadır. Bilgi olmamasının yanı sıra, belirsiz ve yaygın, bazen de referans önsel dağılım objektif dağılım olarak adlandırılır. Ne yazık ki, bilgi vermeyen önsel dağılımlar sorunsuz değildirler. İlk olarak, bilgi vermeyen önsel dağılımlar oluşturulurken çok çeşitli yaygın kriterler olduğu için, belirli bir veri modelinde bu kriterler aynı benzersiz önsel dağılım üretirler. İkinci olarak ise, bilgi içermeyen önsel dağılımları oluştururken, parametrenin ölçüm ölçeğinin değişmez olması için herhangi bir yöntem kullanılarak bir önsel dağılım oluşturulur. Örneğin, bir önsel dağılım oluşturmak için yöntem parametresi q veri modeline uygulanır ve bu durumda parametre h = log (q) ile yeniden aynı modele uygulanır, bu parametre q ve h üzerindeki dağılımları eşit olasılıklı bilgileri temsil eden olduğu beklenir. Bunun zor bir değişmezlik ölçütü olduğu görülmektedir. Bu değişmezlik ölçütünü karşılamak için kullanılan tek yaklaşım tek parametre veri modelleri ile ancak çok parametreli modeller için karmaşık sonuçlar veren Jeffrey kuralı kullanılmaktadır (Dyk & Glickman, 2007: 330).

1.3.3. Olabilirlik Fonksiyonundan Sonsal Dağılıma Geçiş

Veri gözlendiğinde olabilirlik fonksiyonu oluşturulur. Verilerin ortak olasılık fonksiyonu, ancak gözlenen verilerin işlenmesi, parametrelerin bir fonksiyonu olarak görülmektedir. Veri değerlerinin y= (y1, . . . , yn) bağımsız olarak elde edildiği varsayıldığında, olabilirlik fonksiyonu aşağıdaki gibi gösterilir.

$$L(\theta|y)=p(y_1,.......y_n|\theta)=\prod_{i=1}^{n}p(y_i|\theta) \tag{1.1}$$

Bayesyen çerçevede, veriden gelen θ hakkındaki bütün bilgiler olabilirlik fonksiyonunda yer almaktadır. Parametrelerin olabilirliğe uygun en büyük değerleri veriler tarafından desteklenmektedir. Gözlenen parametrelerin olasılık dağılımı, sonsal dağılım elde etmek için oluşturulan olasılık dağılımı olan $p(\theta|y)$ 'yi bulmak için Bayes teoremi uygulanır.

$$p(\theta|y)=\frac{p(\theta)p(\theta|y)}{\int p(\theta)p(y|\theta)d\theta}=\frac{p(\theta)L(\theta|y)}{p(y)}\infty p(\theta)L(\theta|y) \quad (1.2)$$

Yukarıdaki eşitlikte ∞'un anlamı orantı ifaden eden değer, en sağdaki dönem θ'ya bağlı olmayan bir normalleştirme sabiti ile çarpılarak zaman ifadeleri eşitlenir.

1.3.4. Sonsal Dağılım Özetleri

Sonsal dağılımlar tespit edildikten sonra çıkarımsal sonuçlar uygun bir analiz ile özetlenebilir. Parametrelerin nokta tahminleri yaygın ortalama veya sonsal dağılım modu olarak hesaplanır. Aralık tahminleri sonsal dağılımın belirtilen yüzde değerlerine karşılık bitiş noktalarını üreterek hesaplanabilir. Sonsal dağılımın %95'lik bir merkezi aralığa sahip olduğunda, sonsal dağılım %2,5 ve %97,5 arasında hesaplanmaktadır.

1.3.5. Öngörü Dağılımları

Bayesyen yaklaşımın faydalarından biri sonsal dağılım elde edildikten sonra öngörü çıkarımı basit olarak hesaplanabilir. Gözlenen değişken olarak varsaydığımız y = (y1, . . . , yn) verisi ve gözlenen y değişkeninin tahmini yapılmak istenmektedir. Verilerin analizinde sonsal dağılımlar olarak bulunmaktadır. Gözlenen değişken olan y hakkında olasılıklı açıklamalar yaparken, y'nin sonsal öngörü dağılımı hesaplanmak istenmektedir. Sonsal tahmin dağılımı $p(y|y)$ şeklinde gösterilmektedir. Bu durumda parametre değerlerinin durumlarıyla ilgilenilmeyip, sadece önceki verilerin durumları gözlemlenmektedir.

Sonsal öngörü dağılımı aşağıdaki eşitlikte görülmektedir.

$$p(y|\mathbf{y})=\int p(y|\boldsymbol{\theta})p(\boldsymbol{\theta}|\mathbf{y})d\boldsymbol{\theta} \quad (1.3)$$

Sonsal dağılım ile veri modelinde, model parametreleri sonsal öngörü dağılımı üretilerek tahmin çıkarımları özetlenmektedir (Dyk & Glickman, 2007: 331).

1.4. Bayes Teoremi

Bayes Teoremi 1763 yılında, bir din adamı olan Thomas Bayes tarafından geliştirilmiş olup, istatistikte yeni bir akımın doğmasına sebep olmuştur. Çeşitli koşullu olasılıklar arasındaki ilişkiyi veren uygun bir formüle "Bayes Teoremi" denir. Bayes teoremi alışılagelenin dışında, neden-sonuç ilişkilerine, sonuçlardan hareket ederek nedenlerin olasılıklarını belirlemek şeklinde yeni bir bakış açısı getirmiştir (Gürsakal, 1982: 8).

B_1, B_2,.....,B_k S örnek uzayının ayrık ve bileşimleri S olan olayları olsun, burada (j=1,2,......,k). A, S örnek uzayının herhangi bir olayı olsun, öyle ki $P(A) \neq 0$.

O halde Bayes Teoremi kesikli olasılık modeli aşağıdaki eşitlikteki gibi gösterilir

$$P(Bj|A) = \frac{P(B_1 \cap A)}{P(B_1 \cap A) + P(B_2 \cap A) + ... + P(B_k \cap A)}$$

$$= \frac{P(A|B_1)P(B_1)}{P(A|B_1)P(B_1) + P(B_2|A)P(B_2) + ... + P(B_k|A)P(B_K)}$$

(1.4)

$$P(B_J|A) = \frac{P(A|B_J)P(B_J)}{\sum_{j=1}^{k} P(A|B_J)P(B_J)} \qquad (\text{j=1,2,......,k}) \qquad (1.5)$$

En genel olarak aşağıdaki eşitlikteki gibi ifade edilir.

$$P(B_j|A)=\frac{P(A|B_j)P(B_j)}{P(A)}\infty P(A|B_j)P(B_j) \quad (1.6)$$

Yukarıdaki eşitlik Laplace tarafından bulunmuş olup, Bayes Kuralı olarak adlandırılmaktadır. $P(B_J)$ ön bilgi veya ön olasılığı gösterirken, $P(A_J|B)$ ilave ve yeni bilgiyi içeren olabilirlik fonksiyonunu ve $P(B|A_J)$ son olasılığı göstermektedir. $P(A_J|B)$ koşullu olasılığını $P(B|A_J)$ koşulu olasılıkla ilişkilendiren Bayes kanunudur, yani koşul sırasını tersine çevirme yoludur. Bayesyen çıkarım bu mantık üzerine kurulmuştur. İlk bakışta basit olan yukarıdaki denklem olasılığı veriden öğrenmektedir. Ön bilgilerin seçimi, önceki araştırmalardan, yayınlanmış çalışmalardan, geçmiş deneyimlerden, araştırmacının sezgisinden, konu ile ilgili gerçek uzmanların görüşlerinden ve diğer veri kaynaklarından geldiği söylenebilir.

Bayes Teoreminin adımları aşağıdaki biçimde gösterilmektedir.

Ön olasılıklar ⟶ İlave ve yeni bilgi ⟶ İlave veya yeni bilgiden sonra son olasılıklar

Sürekli olasılık modellerinde ise Bayesyen modelde; sürekli olasılık modellerinin dağılım fonksiyonları üzerinden olabilirlikler hesaplanıp Bayes Teoremi uygulanarak uygun kararlar alınır. Sürekli rassal değişkenler için Bayes Teoremi aşağıdaki gibi yazılır:

$$f(\theta|Y=y)=\frac{f(\theta,y)}{f(y)}$$

$$f(\theta,y)=f(\theta)f(y|\theta)$$

$$f(y)=\int_{-\infty}^{+\infty}f(\theta)f(y|\theta)d\theta=\int_{-\infty}^{+\infty}f(\theta)f(y|\theta)d\theta$$

$$f(\theta|Y=y)=\frac{f(\theta)f(y|\theta)}{\int_{-\infty}^{+\infty}f(\theta)f(y|\theta)d\theta} \quad (1.7)$$

Yukarıdaki formülün uygulamada hesaplanması oldukça güçtür. Paydada integralin yer alması formülün hesaplanmasını zorlaştırır. Formülün hesaplanmasını kolaylaştırmak için önsel dağılım kullanıldığı için hesaplamayla ilgili zorlukları ortadan kaldıran "eşlenik veya "konjugate ön dağılımlar" kavramları kullanılmaktadır. Önsel ve olabilirlik fonksiyonları aynı aileye mensup ise, sonsal dağılımlar analitik olarak elde edilebilir. Önsel ve sonsal dağılımların aynı aileye mensup olduğu durumlarda ele alınan önseller eşlenik (conjugate) önseller olarak adlandırılır. Eşlenik önseller çıkarsama problemlerinde büyük işlem kolaylıkları sağlar. Eşlenik aileye mensup olmayan önsellerin kullanılması ise, oldukça karmaşık sonsal dağılımlara neden olabilir. Bu durumda da analitik çözümler yeterli olmamaktadır. Eşlenik dağılım ailelerinin sahip oldukları özellikler şunlardır:

Eşlenik ön dağılım oluştururken;

1. Beta (a, b) ön dağılımını çiziniz. Bu çizim sizin düşüncelerinize yakınsa kullanabilirsiniz. Aksi takdirde, dağılımın ortalaması ve standart sapması ayarlanarak düşüncelerimize yakın olan ön dağılım belirlenir. Ön dağılımın değer aralıkları üzerinde geçerli bir olasılığa sahip olması tatmin edici olmaktadır.

2. Ön dağılımın "eşdeğer örneklem büyüklüğünü" hesaplayınız:

$n_{eşdeğer} = a+b+1$

Bu eşitlikte, ön dağılımdaki bilginin bir rassal örnekleme eşdeğer olduğu anlatılmaktadır. Eşdeğer örneklem büyüklüğü gerçek olmayacak kadar büyük ise, ön dağılımın standart sapmasını arttırmamız gerekir (Bolstad, 2007: 146).

Bayesyen analizde modeldeki bütün bilinmeyenler için daima önsel dağılım belirlememiz gerekir. Önsel dağılım seçimi subjektiftir. Önsel dağılımlar:

- Uzmanlardan öğrenilebilir
- Tarihsel verilere dayalı olması tatmin edici olabilir
- Eğer deneme hakkında çok az önsel dağılım mevcutsa, çok büyük varyansa sahip belirsiz önsel dağılım seçilebilir.
- Önsel dağılımlar bunların birleşimlerinden de elde edilebilir
- Önsel dağılımlar bilinmeyen olarak varsayılabilirler veya tahmin edilebilirler

Eşlenik ön dağılımlar;

- Eşlenik ön dağılımlar esnek şekilleri ve iyi özellikleri ile iyi seçimdirler.
- Eğer eşlenik ön dağılımı farklı parametrelere rağmen seçersek bu durumda sonsal dağılım aynı dağılışa sahip olur.
- Diğer bir ifade ile sonsal dağılım önsel dağılımla aynı aileden olduğu zaman buna eşlenik adı verilir. Bunun avantajı, önsel parametrelerin genellikle önsel bir örnek gibi yorumlanabilir olmasıdır.

Örnekler şunlardır:

Olabilirlik	WinBUGS	Parametre	Prior	Posterior
Normal	dnorm(theta, tau)	Ortalama	Normal	Normal
Normal	dnorm(mu,theta)	Kesinlik	Gamma	Gamma
Binom	dbin(theta,n)	Başarı Olasılığı	Beta	Beta
Poisson	dpois(theta)	Oran veya ortalama	Gamma	Gamma

- Eşlenik önsel dağılımlar matematiksel olarak uygundurlar, fakat bütün olabilirlikler için mevcut olmayıp kısıtlayıcı olabilirler.
- Eşlenik olmayan önsel dağılımların hesaplamaları daha zordur, fakat MCMC yaklaşımı kullanılarak hesaplanması mümkündür (Jackman, 2012: 4).
- Eşlenik önsel dağılım olma özelliği yararlıdır, ancak artık paket programlar (R, Winbugs) sayesinde gerekli değildir.

1.5. Stokastik Süreçler

Zamana göre sıralanan rassal değişkenlerin toplanması sonucunda stokastik süreçler meydana gelmektedir. Stokastik kelimesi yunan kökenli olup, rassallık anlamına gelmektedir. Süreç kesikli ise Yt, sürekli ise Y(t) ile gösterilmektedir (Gujarati, 2009: 796).

Bir stokastik süreci tahmin etmenin bir yolu t1, t2,......., tn gibi bir veri setinin Yt1, Yt2, ...Ytn birleşik olasılık dağılımını tanımlamaktadır. Stokastik süreci tanımlamanın bir diğer yolu ise momentlerini oluşturmaktır. Bu momentler ortalama, varyans ve otokovaryans fonksiyonları olarak adlandırılan birinci ve ikinci momentlerdir. Buna göre Yt değişkeninin birinci momenti ortalama, ikinci momenti varyans olacaktır.

Ortalama $\mu t = E\,(Yt)$

Varyans $\sigma_t^2 = Var(Y_t)$

ve Yt_1 ve Yt_2 arasındaki otokovaryans;

Otokovaryans

$$\gamma_{t_1,t_2} = Cov\,(Y_{t_1}, Y_{t_2}) = E\left[(Y_{t_1} - \mu_{t_1})(Y_{t_2} - \mu_{t_2})\right]$$

şeklinde yazılabilir.

Eğer Y_t normal dağılıma sahip ise Y_t'nin dağılımı Gaussian süreç olarak adlandırılır. Dolayısıyla birinci ve ikinci momentler kullanılarak Yt'nin özellikleri belirlenebilir (Sevüktekin & Çınar, 2014: 61).

1.5.1. Poisson Süreci

Belli bir zaman aralığında $[0,t)$ ya da belirli bir bölge içindeki başarılı durumların sayısıyla ilgili olan, X_t rassal değişkeninin elde edilmesini sağlayan sürece Poisson süreci denir; t zaman aralığı ya da bölge büyüklüğüdür. Bir kamu kuruluşuna bir saat içinde gelen telefonlar, bir gün içinde bir mağazaya gelen müşteriler, yağmur ve kar yüzünden bir yıl içinde şantiyede çalışılamayan günlerin sayısı bu sürece örnek olarak gösterilebilir. Rassal süreç kesikli olduğunda olasılık kütle fonksiyonu $P_X(i;t) = Pr(X(t) = i)$ olarak tanımlanır. Meydana gelen durum; varış veya bir nokta olarak sayılmaktadır. Bu tür süreçler sayma süreci olarak adlandırılmaktadır (Davenport, 1970: 453). Poisson süreci aşağıdaki varsayımlara sahiptir:

1. Ayrık zaman aralıklarındaki sonuç sayıları bağımsızdır.

2. Süreç zaman boyutunda durağan, yani $(t_1,t_2]$, $(t_1+h,t_2+h]$ aralıklarındaki sonuç sayısını gösteren rasgele değişkenlerin olasılık dağılımları aynıdır.

3. Küçük Δt uzunluklu bir zaman aralığında bir başarı elde etme olasılığı Δt ile orantılı yani $P(N(\Delta t)=1)=k\Delta t$ ve yeterince küçük uzunluklu bir zaman aralığında iki veya daha çok başarı elde etme olasılığı yaklaşık olarak sıfır, yani $P(N(\Delta t)\geq 2)\approx 0$'dır.

Bu varsayımlar $N(t)$ altında rasgele değişkeninin olasılık dağılımını bulmaya çalışalım. $N(t)$'nin alabileceği değerler $0,1,2,...$ olmak üzere önce $P(N(t)=0)$ olasılığını elde edelim.

$$
\begin{aligned}
P(N(t+\Delta t)=0) &= P(N(t)=0 \text{ ve } N(t+\Delta t)-N(t)=0) \\
&= P(N(t)=0)P(N(t+\Delta t)-N(t)=0) \\
&= P(N(t)=0)P(N(\Delta t)=0) \\
&= P(N(t)=0)[1-P(N(\Delta t)=1)-P(N(\Delta t)\geq 2)] \\
&\approx P(N(t)=0)[1-k\Delta t]
\end{aligned}
$$

olmak üzere

$$\frac{P(N(t+\Delta t)=0)-P(N(t)=0)}{\Delta t}=-kP(N(t)=0) \qquad (1.8)$$

yazılır. $y(t)=P(N(t)=0)$, t nin bir fonksiyonu olmak üzere yukarıdaki ifade $\Delta t\to 0$ için

$$\frac{dy(t)}{dt}=-ky(t)$$

diferansiyel denklemi biçimine gelir. $y(0)=1$ başlangıç değerine bağlı olarak

$$y(t) = e^{-kt}$$

elde edilir. Buna göre t anına kadar veya t uzunlukta bir zaman aralığında sonuç olmaması olasılığı

$$P\big(N(t) = 0\big) = e^{-kt}$$

dır.

Şimdi $P\big(N(t) = n\big)$, $n = 1,2,...$ olasılığını hesaplayalım.

$$P\big(N(t+\Delta t) = n\big) = \sum_{j=0}^{n} P\big(N(t) = j\,, N(t+\Delta t) - N(t) = n-j\big)$$

$$= \sum_{j=0}^{n} P\big(N(t) = j\big) P\big(N(t+\Delta t) - N(t) = n-j\big)$$

$$= \sum_{j=0}^{n} P\big(N(t) = j\big) P\big(N(\Delta t) = n-j\big) \qquad (1.9)$$

olmak üzere $n = 1$ için,

$$P\big(N(t+\Delta t) = 1\big) = P\big(N(t) = 0\big)P\big(N(\Delta t) = 1\big) + P\big(N(t) = 1\big)P\big(N(\Delta t) = 0\big)$$

$$\approx e^{-kt} k\Delta t + P\big(N(t) = 1\big).\big(1 - k\Delta t\big)$$

$$\frac{P\big(N(t+\Delta t) = 1\big) - P\big(N(t) = 1\big)}{\Delta t} = ke^{-kt} - kP\big(N(t) = 1\big)$$

yazılır. $y(t) = P\big(N(t) = 1\big)$ gösterimi ile $\Delta t \to 0$ için

$$\frac{dy(t)}{dt} = ke^{-kt} - ky(t)$$

diferansiyel denklemi elde edilir. $v(t) = e^{kt} y(t)$ dönüşümü sonucu

$$\frac{dv(t)}{dt} = k$$

ve

$$v(t) = kt$$

$$y(t) = e^{-kt} kt$$

bulunur. Buna göre,

$$P\big(N(t) = 1\big) = e^{-kt} kt \qquad (1.10)$$

dır. $n \geq 2$ için,

$$P\big(N(t+\Delta t) = n\big) = \sum_{j=0}^{n-2} P\big(N(t) = j\big)P\big(N(\Delta t) = n-j\big) +$$

$$+ P\big(N(t) = n-1\big)P\big(N(\Delta t) = 1\big) + P\big(N(t) = n\big)P\big(N(\Delta t) = 0\big)$$

$$\approx P\big(N(t) = n-1\big)P\big(N(\Delta t) = 1\big) + P\big(N(t) = n\big)P\big(N(\Delta t) = 0\big)$$

$$\approx P\big(N(t) = n-1\big)k\Delta t + P\big(N(t) = n\big)\big(1 - k\Delta t\big)$$

$$= \big[P\big(N(t) = n-1\big) - P\big(N(t) = n\big)\big]k\Delta t + P\big(N(t) = n\big)$$

olmak üzere

$$\frac{P\big(N(t+\Delta t) = n\big) - P\big(N(t) = n\big)}{\Delta t} = kP\big(N(t) = n-1\big) - kP\big(N(t) = n\big) \qquad (1.11)$$

yazılır. $y_n(t) = P\big(N(t) = n\big)$ gösterimi ile $\Delta t \to 0$ için

$$\frac{dy_n(t)}{dt} = ky_{n-1}(t) - ky_n(t)$$

diferansiyel denklemi ve $v_n(t) = e^{kt} y_n(t)$ dönüşümü sonucu

$$\frac{dv_n(t)}{dt} = kv_{n-1}(t)$$

diferansiyel denklemi elde edilir. $v_1(t) = kt$ olmak üzere $n = 2,3,...$ için ardışık çözümler,

$$v_2(t) = \frac{(kt)^2}{2} \qquad y_2(t) = e^{-kt}\frac{(kt)^2}{2}$$

$$v_3(t) = \frac{(kt)^3}{2.3} \qquad y_3(t) = e^{-kt}\frac{(kt)^3}{2.3}$$

$$\cdots$$

$$v_n(t) = \frac{(kt)^n}{n!} \qquad y_n(t) = e^{-kt}\frac{(kt)^n}{n!}$$

dır.

Buna göre,

$$P\big(N(t) = n\big) = e^{-kt}\frac{(kt)^n}{n!} \qquad n = 0,1,2,... \qquad (1.12)$$

elde edilir.

t değerini sabit alıp t uzunluğunda belli bir zaman aralığı için bu zaman aralığında meydana gelen sonuçların sayısı X rasgele değişkeni ile gösterilirse, $\lambda = kt$ olmak üzere,

$$f(x) = P(X = x) = \frac{e^{-\lambda}\lambda^x}{x!} \qquad x = 0,1,2,... \qquad (1.13)$$

ve

$$E(X) = \lambda \quad , \quad Var(X) = \lambda$$

dır. rasgele değişkeni Poisson dağılımına sahiptir.

Bu kısmın başında yapılan varsayımlar altında tanımlanan $N(t)$ rasgele değişkenlerinin $\{N(t) : t \geq 0\}$ ailesine Poisson Süreci denir. Poisson Sürecinde ilk sonuç ortaya çıkıncaya kadar geçen zaman T rasgele değişkeni olmak üzere,

$$P(T > t) = P(N(t) = 0) = e^{-kt}$$

$$F(t) = 1 - P(T > t) = 1 - e^{-kt}$$

$$f(t) = ke^{-kt} \qquad (1.14)$$

dır, yani üstel dağılıma sahiptir. Birinci sonuç ortaya çıktıktan sonra ikinci sonuç meydana gelinceye kadar geçen zaman da üstel dağılıma sahiptir. Poisson Sürecinde sonuçların ortaya çıkış zamanları arasındaki farklar bağımsız ve aynı üstel dağılımlı rasgele değişkenlerdir (Garcia, 2008: 507).

1.5.2. Gauss Süreci

Stokastik süreç $X = \{X(t) | t \in T\}$ olarak tanımlandığında Gaussian süreç olarak ifade edilir. Eğer her bir n vektörü $(X(t_1), X(t_2), ..., X(t_n))'$ olarak gösterildiğinde bütün n'ler için $t_1, t_2, ..., t_n$ 'ler çok değişkenli normal vektör olarak tanımlanır.

Daha ayrıntılı olarak, yukarıdaki tanımda bütün $n \times 1$ stokastik $n \times 1$ vektörleri,

$$\left(X(t_1), X(t_2), \ldots\ldots, X(t_n)\right)'$$

çok değişkenli normal dağılıma sahiptir.

$$F_{t_1,t_2,\ldots\ldots,t_n} \leftrightarrow N\left(\underline{\mu}(t_1,t_2,\ldots\ldots,t_n), C(t_1,t_2,\ldots\ldots,t_n)\right),$$

$\underline{\mu}(t_1,t_2,\ldots\ldots,t_n)$ $n \times 1$ olasılık vektörü olduğu durumda,

$$\mu_x(t_i) = E(X(t_i)) \quad i = 1,\ldots\ldots,n$$

$n \times n$ kovaryans matris

$C(t_1,t_2,\ldots\ldots,t_n) = (c_{ij})_{i=1,j=1}^{n,n}$ olarak tanımlandığında,

$$c_{ij} = Cov_X(t_i,t_j) = R_X(t_i,t_j) - \mu_X(t_i)\mu_X(t_j), i=1,\ldots\ldots,n, j=1,\ldots\ldots,n$$

Gauss sürecinde çok değişkenli dağılımın bütün marjinal dağılımı normal dağılıma sahiptir. Bu varsayım altında kovaryans matrisi içindeki girdiler otokovaryans fonksiyonunun uygun değerleri olmaktadır.

$\mu_Z(t) = E(Z(t)) = 0$ bütün $t \in T$ değerleri

$\mu_X(t) = E(X(t)) = f(t)$ için, $X(t) = f(t) + Z(t)$

$X(t) = f(t) + Z(t)$'nin ortalama fonksiyonu olur.

$R(t,s)$ simetrik ve negatif olmayan fonksiyon olarak tanımlansın. Gauss stokastik süreç olan X ile R(t,s)'nin otokorelasyon fonksiyonu ve ortalama fonksiyonu sıfır olarak verilsin.

$$C(t_1, t_2, \ldots\ldots, t_{n+1}) = \left(R(t_i, t_j)\right)_{i=1, j=1}^{n+1, n+1}$$

$$C_{t_{n+1}} = \left(R(t_i, t_j)\right)_{i=1, j=1}^{n+1, n+1}$$

$$X_{t_{n+1}} = \left(X(t_1), X(t_2), \ldots\ldots, X(t_n)\right)'$$

$$F_{n+1} \leftrightarrow N\left(0, C_{t_{n+1}}\right)$$

$$\phi X_{t_{n+1}}(S_{n+1}) := E\left[e^{is'_{n+1} X_{t_{n+1}}}\right] = \int_{R^{n+1}} e^{is'_{n+1}} \times dF_{t_{n+1}}(x) \quad (1.15)$$

$s'_{(i)} = (s_1, \ldots\ldots\ldots, s_{i-1}, s_{i+1}, \ldots\ldots\ldots\ldots, s_{n+1})$ eşitliğini ele alalım.

İki adımda ispatlanmaktadır.

1. $\phi X_{t_{n+1}}$ verildiğinde, $((s_1, \ldots\ldots\ldots, s_{i-1}, s_{i+1}, \ldots\ldots\ldots s_{n+1}))$'in karakteristik fonksiyonu aşağıdaki eşitlikteki gibi gösterilir.

$$X_{t_{(i)}} = \left(X(t_1), X(t_2), \ldots\ldots\ldots, X(t_{i-1}), X(t_i + 1), \ldots\ldots\ldots\ldots, X(t_{n+1})\right)'$$

2. $\phi X_{t_{n+1}}$ verildiğinde, $((s_1, \ldots\ldots\ldots, s_{i-1}, s_{i+1}, \ldots\ldots\ldots s_{n+1}))$'in karakteristik fonksiyonu her n-1 için değişkeni normal dağılım gösterir.

Yukarıda açıklanan adımların detayları aşağıda gösterilmektedir.

1. $x_i = (x_1, \ldots\ldots\ldots, x_{i-1}, x_{i+1}, \ldots\ldots\ldots x_{n+1})$

$\phi X_{t_{n+1}} \left((s_1, \ldots\ldots, s_{i-1}, s_{i+1}, \ldots\ldots s_{n+1}) \right)$

$=$

$$\int_{\infty}^{\infty} \ldots\ldots \int_{-\infty}^{\infty} e^{i(s_1 x_1 + \ldots\ldots + s_{i-1} x_{i-1} + s_{i+1} x_{i+1} + \ldots\ldots\ldots + s_{n+1} x_{n+1})} \int_{x_i=-\infty}^{x_i=\infty} dF_{t_{n+1}}(x)$$

$$= \int_{\infty}^{\infty} \ldots\ldots \int_{-\infty}^{\infty} e^{i(s_1 x_1 + \ldots\ldots + s_{i-1} x_{i-1} + s_{i+1} x_{i+1} + \ldots\ldots\ldots + s_{n+1} x_{n+1})} dF_{t_{(i)}}(x_{(i)}) \qquad (1.16)$$

2. $\left((s_1, \ldots\ldots, s_{i-1}, 0, s_{i+1}, \ldots\ldots s_{n+1}) \right) C_{t_{n+1}}$

$\left((s_1, \ldots\ldots, s_{i-1}, s_{i+1}, \ldots\ldots s_{n+1}) \right)$

$$= \sum_{l=1, l \neq i}^{n+1} \sum_{k=1 k \neq i}^{n+1} s_l s_k R(t_1, t_k)$$

$$= s'_{(i)} C_{t(i)} S_{(i)}$$

$C_{t_{(i)}} = \left(R(t_i, t_j) \right)_{i=1, j=1}^{n+1, n+1}$ eşitliğinde kovaryans matrisi olarak kabul edilmektedir. Gaussian rassal değişken olduğunda,

$\phi X_{t_{n+1}} \left((s_1, \ldots\ldots, s_{i-1}, 0, s_{i+1}, \ldots\ldots s_{n+1}) \right)$

$$= e^{-\frac{1}{2} s'_i C_{t_{(i)}} s_{(i)}} \qquad (1.17)$$

Yukarıdaki bilgileri özetlediğimizde;

- Her simetrik negatif olmayan fonksiyonu için bir Gauss süreci söz konusudur.
- Gauss süreci, son olarak ortalama fonksiyonu ve otokorelasyon fonksiyonu ile belirlenir (Koski, 2014: 240).

1.6. Yapısal Kırılma

İktisadi değişkenler birçok faktör tarafından etkilenerek zaman içinde eğilim göstermektedir. Trend adı verilen uzun dönem eğilimi zaman zaman küçük değişiklikler gösterebilir ve bu değişiklikler geçicidir. İktisadi değişkenleri etkileyen faktörler bazen de değişkenlerin trendinde kalıcı etkilere neden olurlar. Bu tür değişikliklere "yapısal değişiklik" ya da "yapısal kırılma" denmektedir (Güriş & Çağlayan, 2000: 695). Yapısal kırılmaların nedenleri; savaşlar, afetler (deprem, sel, yangın, kuraklık vb.), politika değişiklikleri, grevler, teknolojik değişmeler, ekonomik krizler olarak gösterilebilir.

Yapısal kırılmanın olması durumunda bunun nedenlerinin ve sonuçlarının belirlenmesi son derece önemlidir. Ancak bundan önce yapısal kırılmanın belirlenmesi gerekmektedir. Herhangi bir olay nedeni ile bazı değişkenlerde yapısal kırılma olduğu yönündeki bilgilerin olması yapısal kırılmanın olduğunu söylemek için yeterli olmamaktadır. Bu nedenle iktisadi değişkenlerin ekonometrik analiz yoluyla incelenmesi gerekmektedir (Güriş & Çağlayan, 2000: 696).

Yapısal kırılmanın analizlerde göz ardı edilmesi, önemli istatistiksel sorunlara yol açmaktadır. Ekonomide yapısal kırılmalar belirgin bir şekilde ortaya çıktığında fakat buna rağmen bu tür değişmeler bir regresyon modeli çerçevesinde dikkate alınmadığında ya da ihmal edilerek tahminlerde bulunulduğunda elde edilen sonuçlar ve buna bağlı olarak yapılan ön raporlamalar sistematik sapmalı(eğilimli) olacaktır (Sevüktekin & Çınar, 2014: 413).

1.7. Bayesyen İstatistikte Parametre Tahmini

Parametre tahmininden önce matematiksel modele karar verilmesi gerekmektedir. Matematiksel modelleme gerçek dünyanın daha iyi anlaşılmasına ve açıklanmasına, büyük ölçekli modelleme imkanı sağlamaktadır. Veriler bir araya getirilerek düzenlendiğinde, bilgiye dönüşürler (Oğuzlar, 2004: 3). Veriden doğrudan elde edilen bilgiler sayesinde gerçek yaşam fenomeni dağılım modeli ortalaması tarafından tahmin edilmektedir. Parametrelerden oluşan dağılım modelinin tahmin edilmesi gereklidir. Bu parametreler modeldeki parametreleri sabitlemek ve verilerin etkin ve doğru kullanımı için gerekli mekanizmayı sağlamaktadır. Parametre tahminini frekansçı yaklaşım ve Bayesyen yaklaşıma göre inceleyeceğiz.

Frekansçı yaklaşımda; parametre tahmini klasik bir yaklaşımdır. Bilinmeyen ve sabit parametre θ olduğu varsayılır. En çok olabilirlik yöntemiyle tahmin edilen θ değeri seçilmektedir. Parametre tahmininde, tüm mevcut verilerin dağılımı sabit θ değeri ile oluşturulan üretken modeller olarak sınıflandırılır.

Buna karşın, Bayes yaklaşımında subjektif olasılık ve öznel değerler ortaya çıkmaktadır. Bu durumda veri sabitlenir ve θ'nın olası değerleri ortaya çıkmaktadır. Bayesyen yaklaşımda dağılım modelinde tahmin edilen parametreler ayırt edici model olarak da bilinen koşullu modelde sabit değeri θ oluşturulur (Eshky, 2008: 4).

Bayesyen yaklaşım Bayes kuralı olarak bilinen basit bir formüle bağlıdır. A ve B gibi iki rassal değişkene sahip olduğumuzu varsayalım. Temel kural zincir kuralı olarak bilinen olasılık teorisi, A ve B'nin ortak olasılığını belirtmek amacıyla özel değer olarak verilen a ve b, P(a, b) olarak belirtilir. Koşullu olasılıkta A'nın değeri a ile gösterilirken B'nin değeri b ile gösterilir. P(a|b) koşullu olasılığı ifade edilir.

Ortak olasılık = Koşullu olasılık * Marjinal olasılık

P(a, b) = P(a|b)P(b)

P(a, b) = P(b|a)P(a)

$$P(a|b) = \frac{P(b|a)P(a)}{P(b)}$$

$$P(a|b) = \frac{P(b|a)P(a)}{\sum_{a'}^{A} P(b|a')P(a')} \tag{1.18}$$

Bayes kuralı yukarıdaki eşitliklerde gösterilmiştir. A verildiğinde B'nin koşullu olasılığı, B verildiğinde A'nın koşullu olasılığı tahmin edilir. Bu durum önsel ve sonsal bilgiyi açıklamaktadır. Önsel olasılık, herhangi ek gözleme gerek kalmadan bize önceden verilen olasılık değeridir. Sonsal olasılık, önsel bilgiye ulaştıktan sonra önsel dağılımdan elde edilen olasılık değeridir. Önsel olasılık olan P(a), sonsal olasılık P(a|b) olarak gösterilmektedir. Ek gözlem B, b değerini alarak gözlemlenir.

Bayes kuralı gücünü rassal değişkenler ve olasılık değerlerinden almaktadır. Parametre tahmini sırasında θ parametresinin verilen kanıt ve b verisinin tahmin edilmesi gerekli olabilir. Verilerin olasılığı parametre için verilen en çok olabilirlik yöntemiyle hesaplanır.

Böylelikle parametrelerin verilen olasılıkları aşağıdaki gibi hesaplanır.

$$P(\theta|b) = \frac{P(d|\theta)P(\theta)}{\sum_{\theta'}^{\Theta} P(d|\theta')P(\theta')} \tag{1.19}$$

Bayesyen tahmin ampirik araştırmalarda disiplin ve pragmatik önem sağlamaktadır. Modeldeki bütün bilinmeyen parametrelerin tahmini ve hipotez testleri tartışmalı olduğu durumda, gelecekteki gözlemler için olasılıkları tahmin etmemiz gereklidir. Geçmişteki elde edilen verilerin bilgisi Y = y, parametrik olabilirlik fonksiyonu L(θ) ve önsel dağılım ise p(θ) ile gösterildiğini varsayalım. Önsel dağılımlar iki tipte incelenir. 1) Informative önsel dağılım: İlgilenilen önsel dağılım hakkında güçlü bir bilgi mevcut olduğunda kullanılır. Örneğin önceki çalışmalarda elde edilen bilgi ilgilenilen veri seti ile ilişkili ise yeterli bilgi olduğuna karar verilir. 2) Noninformative önsel dağılım: İlgilenilen önsel bilgi hakkında çok az bilinen olması durumunda kullanılır. Çok seviyeli modellemede daha çok "diffuse" veya "flat" informative önsel dağılım kullanılmaktadır. Örneklem dağılımı örneklem dışı olarak verilen Y∗ değeri Y = y olarak ifade edilip, eğer θ bilinseydi, kabul edilebilir bir tahmin dağılımı olabilirdi. Fakat θ bilinmediği zaman bu dağılım kullanılmamaktadır. Bayesyen olasılık dağılımı tahmini p(y∗|y) aşağıdaki gibi gösterilmektedir.

$$p(y_*|y) = \frac{p(y_*, y)}{p(y)}$$

$$= \int_\Theta \frac{p(y_*, y, \theta)}{p(y)} d\theta$$

$$= \int_\Theta p(y_*|y,\theta)\left[\frac{p(\theta)p(y|\theta)}{p(y)}\right] d\theta$$

$$= \int_\Theta p(y_*|y,\theta)p(\theta|y)d\theta$$

$$= \underset{\theta|y}{E}\left[p(y_*|y,\theta)\right] \qquad (1.20)$$

Diğer bir deyişle, sonsal dağılım olan p(y∗|y,θ) Bayesyen olasılık tahmini fonksiyonudur. Eğer geçmiş ve gelecek değerleri θ koşulunda bağımsız oldukları durumda dağılım $p(y*|y, θ) = p(y*|θ)$ eşitliği ile ifade edilir (Koop, Poirier & Tobias, 2007: 71).

Çok seviyeli modellerde ilgilenilen parametre sayısı kadar bilinmeyen parametre değeri vardır. Bayes yorumlamada parametrelerin ortak sonsal dağılımını bulmak gerekir. Ortak sonsal dağılışın bulunabilmesi için, çok boyutlu integrasyonların çözümü gerekmektedir. İntegrasyonların çözümü zor olduğundan alternatif bir yöntem olan MCMC yaklaşımı kullanılmaktadır.

Bayes modelleme için pratikte kullanılan iki temel MCMC yöntemi vardır.

1) Metropolis-Hastings Örnekleme

2) Gibbs Örnekleme

Gibbs örneklemesinde parametrelerin şartlı önsel dağılımları standart bir forma sahip olduğu durumda kullanılır. Eğer şartlı önsel dağılımlar standart bir dağılıma sahip değilse Metropolis-Hastings yöntemi kullanılır.

1.8. Markov Zinciri Ve Monte Carlo Simülasyon Yöntemi

MCMC yaklaşımı; örneklemden alınan bir ya da birden fazla önsel dağılımın boyutu ve önsel dağılımın hareketini incelemektedir. Markov zinciri ve Monte Carlo simülasyon yöntemi bu süreci ifade etmektedir. Monte Carlo Yöntemi rastgele sayılarla denenerek yaparak sonuca ulaşmayı amaçlayan deneysel bir yöntemdir. Bu şekilde matematiksel ve fiziksel problemlerin çözümü amaçlanmaktadır. Los Alamos Bilimsel Laboratuar'ından John Von Neumann, Stan Ulam ve Nick Metropolis adlarında üç bilim adamı tarafından ortaya çıkarılmıştır. Metropolis algoritması olarak da bilinir. Algoritma, kesin çözüm yapmanın zor olduğu problemlerde tahmini çözümlere gitmeyi amaçlar. Yani olasılık teorisi üzerine kurulmuştur. 1930 yılında İtalyan bir fizikçi olan Enrico Fermi'nin, yeni keşfedilmiş olan nötronun özelliklerinin hesaplaması sırasında Monte Carlo Yöntemi'ni kullanması ile bu yöntemin adı duyulmuştur. Sınırlı hesaplama kaynaklarına sahip olunduğunda sıklıkla kullanılan bir yöntemdir. Örnek olarak Monte Carlo Yöntemi İkinci Dünya Savaşı sırasında ilk atom bombasının geliştirildiği Manhattan Projesi'nde kullanılmıştır. Monte Carlo kısmı rasgele simülasyon sürecini ifade eder. Markov zinciri ise; önceki değer göz önüne alındığında önsel dağılımdan yeni bir değer örneklem sürecini ifade eder. Bu iteratif süreç değerleri önsel dağılımdan çekilen örneklemin markov zinciri değerini oluşturmaktadır. Markov zincirleri bir optimizasyon aracından çok simülasyon modeller için de bir tahmin ve açıklama aracı olarak kabul edilmektedir (Aytaç, 2015: 194). 1950'li yıllarda (Metropolis ve diğ., 1953) tasarlanan MCMC, Geman ve Geman (1984) ve Besag (1986) tarafından görüntü işleme önemli uygulamaların yayımlanması ile 1980 yılına kadar istatistiksel uygulamalarda çok az ilgi gördü. Bu durumla ilgili olarak Besag'ın ilgi çekici başlığı "Kirli Resim İstatistiksel Analiz" patlama yaratırken, gerçekte: MCMC yaklaşımı kullanışlılığı ve kolay uygulanabilirliğiyle dünyada ses getirmiştir. MCMC yaklaşımında bilinmeyen her bir parametre değeri için iterasyon yapılarak tahminler üretilmektedir. Bu tahminler birbirine bağımlıdır. Hassas tahminleri elde edebilmek için çok sayıda iterasyon yapılması gerekmektedir.

MCMC yöntemleri Bayesyen analizin gelişimine ve ilerlemesine çok büyük katkı sağlamaktadır.

1.8.1. Monte Carlo İntegrasyonu

Monte Carlo yaklaşımı integralleri hesaplayıp, rassal sayı üretmek için fizikçiler tarafından geliştirilmiştir. Karmaşık integral hesapladığımızı varsayalım;

$$\int_a^b h(x)dx$$

f(x) fonksiyonu üretildiğinde h(x) fonksiyonu ayrıştırılırsa, olasılık dağılım fonksiyonu olan p(x) , (a,b) aralığında tanımlanır.

$$\int_a^b h(x)dx = \int_a^b f(x)p(x)dx = E_{p(x)}[f(x)] \qquad (1.21)$$

İntegralde p(x) değerinin yoğunluğu üzerinde f(x) fonksiyonu bir beklenti olarak ifade edilir. Eğer f(x) fonksiyonu çok sayıda gözlemden oluşuyorsa $x_1,\ldots,x_n$ p(x) yoğunluğundan gelen rassal değişkenler eşitlik 1.26'da gösterilmiştir.

$$\int_a^b h(x)dx = E_{p(x)}[f(x)] \simeq \frac{1}{n}\sum_{i=1}^{n} f(x_i) \qquad (1.22)$$

Bu eşitlik Monte Carlo integrasyonu olarak kabul edilir. Monte Carlo integrasyonu Bayesyen analiz için gerekli olan yaklaşık önsel dağılımları kullanmaktadır. İntegralin şu şekilde tanımlandığını varsayarsak; $I(y) = \int f(y|x)p(x)dx$ yaklaşık olarak aşağıdaki eşitlikteki gibi ifade edilir.

$$\hat{I}(y) = \frac{1}{n}\sum_{i=1}^{n} f(y|x_i) \qquad (1.23)$$

Fonksiyonda xi değeri p(x) yoğunluğundan elde edilmektedir. Monte carlo simülasyonu standart hatası aşağıdaki gibi hesaplanır.

$$S^2E[\hat{I}(y)] = \frac{1}{n}\left(\frac{1}{n-1}\sum_{i=1}^{n}\left(f(y|x_i) - \hat{I}(y)\right)^2\right) \qquad (1.24)$$

1.8.1.1. Önem Örneklemesi

p(x) 'in yoğunluğunun q(x)'e yakınlaştığını varsayalım;

$$\int f(x)g(x)dx = \int f(x)\left(\frac{q(x)}{p(x)}\right)p(x)dx = E_{P(x)}\left[f(x)\left(\frac{q(x)}{p(x)}\right)\right] \quad (1.25)$$

Önem örneklemesi yönteminin temelini oluşturmaktadır.

$$\int f(x)q(x)dx \simeq \frac{1}{n}\sum_{i=1}^{n} f(x_i)\left(\frac{q(x_i)}{p(x_i)}\right) \quad (1.26)$$

Örneğin, marjinal dağılım fonksiyonu olan y değeri $J(y) = \int f(y|x)q(x)dx$ yaklaşık olarak,

$$J(y) \simeq \frac{1}{n}\sum_{i=1}^{n} f(y|x_i)\left(\frac{q(x_i)}{p(x_i)}\right) \quad (1.27)$$

Önem örneklemesi için alternatif fonksiyon ise;

$$\int f(x)q(x)dx \simeq \hat{I} = \frac{\sum_{i=1}^{n} w_i f(x_i)}{\sum_{i=1}^{n} w_i} \qquad w_i = \frac{g(x_i)}{p(x_i)} \quad (1.28)$$

Monte Carlo varyansı ise;

$$Var(\hat{I}) = \frac{\sum_{i=1}^{n} w_i\left(f(x_i) - \hat{I}\right)^2}{\sum_{i=1}^{n} w_i} \quad (1.29)$$

(Walsh 2004: 20).

1.8.2. Markov Zinciri

Markov zincirleri bilgisayar biliminde sıklıkla meydana

gelen stokastik süreçleri modellemede önemli bir araçtır. Markov zincirinin çok sayıda önemli özelliği vardır.

Markov zinciri k'ıncı sıradaki bir dizi rassal değişken X_1, X_2, X_3,...., olarak verildiğinde, önceki tüm değerler göz önüne alındığında bir sonraki değerin olasılık dağılımı sadece son k değerine bağlıdır. Bu durum aşağıdaki gibi gösterilir.

$$\left[X_t \middle| X_{t-1,} X_{t-2}, \ldots\ldots, X_1\right] = \left[X_t \middle| X_{t-1}, X_{t-2}, \ldots\ldots, X_{t-k}\right] \qquad (1.30)$$

Markov zincirleri, zaman içinde gelişen doğal süreçleri açıklar, böylece t zaman olarak adlandırılır ve Xt değeri olarak belirtilir. Gözlemlerin dağılımı zaman içinde değişmiyorsa markov zinciri homojen olarak tanımlanır.

Xt | Xs = Xt−s | X0.

$$X_t \mid X_s = X_{t-s} \mid X_0 \qquad (1.31)$$

Bazı markov zincirleri durağan dağılıma sahipken, olasılık dağılımı A'nın her bir alt kümesi için geçerlidir.

$$\pi(A) = P(X_t \in A) \qquad (1.32)$$

Bu olasılık dağılımının önemli özelliği zamana göre "durağan" olduğunu; Xt'nin olasılığı belirli durum veya durumlara t değerine bağlı değildir. Markov zinciri k'nıncı periyot k> 1 olduğunda Xt'nin şu anki durumu periyodik (periodic) olarak tanımlanır. Eğer k dönemi 1'den büyük değilse k periyodik olmayan (aperiodic) olarak tanımlanır. Markov zincirinin periyodik olmayan (aperiodic) zincir olması beklenir. Bir veya birden fazla aşamada bir durumdan diğer bir duruma geçiş mümkündür. Bu özelliği ile Markov zincirinin indirgenemez (irreducible) olduğu söylenir. Markov zinciri indirgenemez ve periyodik olmayan ise, o zaman özel bir durağan dağılıma sahiptir. Simetrik rassal yürüyüş indirgenemezdir. Ayrıca, Markov zinciri sınırlayıcı dağılımı, adım sayısı sonsuza yaklaştıkça durağan dağılıma eşit olacaktır.

Bir durumdan tekrar diğer bir duruma gelme olasılığı olan zincirlere geri dönüşlü (Recurrence) denir. Eğer beklenen zamanın dönüşünün sonsuz olup olmadığında, tekrarlanan durumun pozitif dönüşlü ya da boş (null) dönüşlü olduğunu söylemek mümkündür.

MCMC teoremi ergodikliği içinde barındırmaktadır. Ergodiklik, pozitif tekrarlayan ve periyodik olmayan sabit bir dağılım olan $\pi(A)$ 'yı oluşturur.

$$\pi(A) = \lim_{n \to \infty} P(X_n \in A | X_1) \tag{1.33}$$

1.33'deki eşitlikte terimler pozitif tekrarlanan ve periyodik olarak tanımlanır. Durağan dağılımın varlığı sadece garanti değil, aynı zamanda başlangıç değeri olan X1 zincirin asimptotik davranışını etkilemez. Zincirin başlangıç değeri A'nın olasılığı ile gösterilir. Uygulamada bazı gecikmeli gözlemler, durağan dağılım temsilcisi olmayan gözlem değerleri olan "burn-in değerleri" zincirden atılmaktadır (Link & Barker, 2010: 59). Burn-in değerleri örnekte başlangıç değerinin etkisini kaldırmak için periyoda ilk B iterasyonun atılmasıdır. Eğer üretilen örnek yeterince büyük ise, önsel (prior) özetlerin hesaplanmasında bu periyodun etkisi küçüktür.

Bu teoremin 3 tane varsayımı vardır:

1. Markov zincirinin nerede olduğu ihtimalini düşündüğümüzde, aperiodiktir.

2. Markov zinciri çoğu zaman "kötü karışım" yani yaklaşık olarak indirgenebilir olarak tanımlandığında, durum uzayları arasında nadiren geçişler meydana gelmektedir. Bu durumda Markov Zinciri yakınsama olmasına rağmen çok yavaştır.

3. Pozitif geri dönüş Markov Zinciri için zordur. Fakat olumlu yanı ise; Markov Zinciri sınırlı sayıda ve indirgenemez ise, o zaman pozitif tekrarlanan olması gerekir (Arnold, 1993: 3).

1.8.2.1. Markov Zincirinin Genel Özellikleri

Markov zincirinin birçok özelliği önemli olup, özellikle uzun dönem istikrarın sağlanması açısından gerekli olmaktadır. Bir zincirin matematiksel durumu ortaya konulduğunda, ortak dağılımdan yararlanılarak bir örneği üretme yeteneğine sahip olup olmadığını belirlenebilir. Gamerman & Lopes (2006), Iosifescu (1980), Norris (1997), Nummelin (1984) ve Tierney (1996) markov zinciri hakkında geniş bilgi vermişlerdir.

1.8.2.1.1. Homojenlik

Homojen markov zinciri n. inci aşamada n'in değerine bağlı olmadan geçiş olasılığına sahiptir. İlk aşamada marjinal dağılımın başlangıç değerleri homojen değildir. Bunun nedeni Gibbs örneklemesi ve Metropolis algoritması, MCMC uygulamalarını tanımlayan zincirler bu kritik özelliğe sahip olup, n gerçek bir değere sahip olmadığında geçiş çekirdeği tarafından yönetilir.

1.8.2.1.2. İndirgenemezlik (Irreducibility)

A değeri sürekli ve bir alt uzaya sahip olan her bir noktanın diğer noktaya geçişi sağlanıyorsa Markov zincirinin indirgenemez olduğu söylenir. İndirgenemezlik alt uzayın ve zincirin karakteristik bir özelliğidir. Bu nedenle indirgenemezlik, uzayda iki nokta arasındaki yolun varlığını ima etmektedir. İndirgenemezlik ve tekrarlanma arasında önemli kilit bir ilişki vardır.

1.8.2.1.3. Tekrarlanma (Recurrence)

Eğer bir alt uzay; kapalı, sonlu ve indirgenemez ise alt uzayın içindeki tüm durumlar tekrarlanabilir. Tekrarlanma markov zinciri için arzu edilen bir özelliktir. A değeri için, indirgenemez markov zinciri tek bir nokta veya tanımlanan birden fazla noktanın sıfırdan farklı olduğu durumda zincir değeri sonsuzdur. A'ya dönüşün ortalama süre ile sınırlandırıldığında Markov zincirinin pozitif tekrarlanabilir olduğu ve, aksi taktirde boş tekrarlanma olacağı Doeblin (1940) tarafından tanımlanmıştır.

1.8.2.1.4. Durağanlık (Stationarity)

A durum uzayında markov zinciri θ için durağan dağılım π(θ) olarak tanımlanır. p(θi, θj)'in olasılığı, zincirin θi'den θj'ye hareket edecek geçiş çekirdeğinden rastgele seçilen t adımı ve πt(θ)'nin marjinal dağılımı olarak belirtilir.

Durağan dağılım aşağıdaki gibi tanımlanır:

$$\sum_{\theta_i} \pi^t(\theta_i) p(\theta_i, \theta_j) = \pi^{t+1}(\theta_j) \text{ (Kesikli durumda)} \quad (1.34)$$

$$\int \pi^t(\theta_i) p(\theta_i, \theta_j) d\theta_i = \pi^{t+1}(\theta_j) \text{ (Sürekli durumda)} \quad (1.35)$$

Bu nedenle geçiş çekirdeği tarafından çarpma ve şu anki noktanın değerlendirilmesi, aynı marjinal dağılımı üretir: π = πp.

Zincir durağan dağılıma ulaştığında (asimptotik bir durum olduğunda; değişmez dağılım, denge dağılımı ve sınırlayıcı dağılım olarak ifade edilir) marjinal dağılıma göre alt uzay boyunca π(θ) sonsuz dağılım göstermektedir. Eğer markov zincirini oluşturacaksak, Bayesyen modelimizde istenen sonsal dağılım bu durumda durağan dağılıma yaklaşır. Daha sonra bu alt uzaydaki ampirik örnekler özetlenir.

1.8.2.1.5. Ergodiklik (Ergodicity)

Markov zinciri, indirgenemez, pozitif tekrarlanan ve düzensiz ise ergodiktir. Ergodik markov zinciri tüm θi, ve θj için aşağıdaki gibi tanımlanır.

$$\lim_{n \to \infty} p^n(\theta_i, \theta_j) = \pi(\theta_i) \quad (1.36)$$

Ergodik teorem markov zinciri sayesinde büyük sayılar kanununa benzemektedir. θi+1, . . . , θi+n'e kadar markov zinciri değerleri oluşturduğumuzda, bunlar ergodik dağılım istatistiksel olarak $h(\theta)$ aşağıdaki gibi hesaplanır.

$$\hat{h}(\theta_i) = \frac{1}{n} \sum_{j=i+1}^{i+n} h(\theta_i) \approx h(\theta) \qquad (1.37)$$

MCMC tahmini için önemli bir özelliktir çünkü durağan dağılımdan simülasyon değerlerini alabileceğimizi ve üretilen serinin doğasını bozmadan güvenli bir şekilde analiz edebileceğimizi göstermektedir.

1.8.3. Popüler MCMC Algoritmaları

Metropolis ve arkadaşları, Markov zincirine dayanan simülasyonu kullanarak Metropolis algoritmasını formüle ettikten sonra, Hasting bu orijinal yöntemi geliştirmiş ve bu formülü Metropolis-Hasting algoritması olarak adlandırmıştır. Green ise, Metropolis-Hasting algoritmasını genelleştirerek farklı boyutlu parametre uzaylarından örnekleme için Reversible Jump M-H adını vermiştir.

1.8.3.1. Metropolis-Hastings Algoritması

1953 yılında yayımlanan Metropolis'le ilgili makalede Boltzman dağılımının özel bir durumu önerilmiştir. Makalede istatistiksel fizikte yaygın olarak kullanılan bireysel moleküllerin etkileşimleri ve sonradan oluşan algoritmaların özelliklerinin nasıl hesaplandığı anlatılmaktadır.

1970 yılında, Keith Hastings yazmış olduğu makalede genel olarak bu fikri genişletti. 2000'li yıllarda bu algoritma en iyi 10 algoritmadan biriydi. Metropolis-Hastings Metropolis algoritmasının en genel formu olup, Gibbs örneklemesi de Metropolis-Hastings algoritmasının özel bir şeklidir. Metropolis-Hasting örneklemi Metropolis örnekleminin öneri dağılımının simetrik olması dışında, birebir aynıdır.

Bayesyen istatistikte, Metropolis-Hastings ve Gibbs örneklemi MCMC algoritmasının iki genel hali olarak kullanılmaktadır. MCMC simüle edilen bağımsız ve yaklaşık önsel dağılımın yöntemler sınıfıdır. Buna karşın, Metropolis-Hastings algoritması hata terimleri aynı ve bağımsız dağılmış olup, rassal değişkeninin genel hali değildir ve Markov zincirinden ilişkili değişkenler oluşturulamamaktadır.

Metropolis-Hastings algoritmasında, şimdiki değere bağlı olarak rassal sayı ekleyerek önerilen yeni bir değer üretilmektedir. Bu dizi, yaklaşık dağılım ya da integral hesaplamak için kullanılabilir. Bu süreçte, önerilen değer hesaplandıktan sonra bu önerilen değerin yeni değer olarak kabul edilip edilemeyeceğine karar verilir. Eğer önerdiğimiz değer eski değerle karşılaştırıldığında yeterliyse, bunu kabul ederiz ya da tekrar eski değerini kullanırız. Önerilen değerin olasılığı mevcut değerin olasılığından yüksek ise, yeni değer kabul edilir. Bu değerler dizisi histogram oluşturmaya ya da beklenen değeri hesaplamak için kullanılabilir.

Metropolis-Hastings algoritmasında şimdiki değere rassal bir sayı eklediğimizde simetrik dağılım kullanabiliriz fakat Metropolis-Hastings algoritmasında asimetrik öneri yoğunluğu kullanılır.

π dağılımın beklenen değerini bulmak istediğimizi varsayalım, ancak olasılık yoğunluk fonksiyonunun integralini alamayız. Bu dağılımdan örneklem çektiğimizde ve örneklem ortalamasını bulduğumuzda, dağılım beklenen değerine yaklaşacaktır. Basit bir şekilde:

$$E(g(X)) = \int \pi(x)g(x)dx \approx \frac{\sum_{i=1}^{n} g(x_i)}{n} \quad (1.38)$$

Monte Carlo'nun anlamı π dağılımından oluşturulan örnekler integrale yaklaşır. Markov zinciri sürecinde yeni değer eski değerine bağlı olup, xi+1 sadece xi bağlıdır bütün değerlere bağlı değildir. Ayrıca bu süreçte, geçiş matrisi indirgenemez ve düzensiz olduktan sonra zincir denge dağılımına yaklaşmaktadır.

Burn-in periyot, örnekte başlangıç değerinin etkisini kaldırmak için periyoda ilk B iterasyonun atılmasıdır. Eğer üretilen örnek yeterince büyük ise, sonsal (posterior) özetlerin hesaplanmasında bu periyodun etkisi azdır.

Stokastik süreçte gelecekteki durumlar geçmişteki durumlardan bağımsız olup şu anki durum Markov zinciri adını alır. Bir dizi bağımsız değişkenin $X^{(t)}$'inci markov zinciri:

$$X^{(0)}, X^{(1)}, X^{(2)}, \ldots, X^{(t)}, \ldots \qquad (1.39)$$

$X^{(t)}$'nin olasılık dağılımı geçmiş değişken olan $X^{(t-1)}$'e bağlıdır. Bu koşullu dağılıma geçiş çekirdeği veya Markov Kernel denir.

$$X^{(t+1)} \mathrm{I}\, X^{(0)}, X^{(1)}, X^{(2)}, \ldots, X^{(t)} \approx K(X^{(t)}, X^{(t+1)} \qquad (1.40)$$

Metropolis-Hasting algoritması veya Gibbs örneklemi teorik olarak genellikle yakınsaktır. Bu yakınsamalara rağmen, pratikte uygulama problemi uzun süreli yakınsama zamanı olabilir. Metroplis-Hastings algoritması tam bir birleşik olasılık yoğunluk fonksiyonu dağılımı kullanarak, olasılık dağılımından örneklemler üreten bir algoritmadır. Metropolis-Hastings algoritması diğer örneklem metotları üzerinde çok değişkenli dağılımlarla çalıştığı için bir avantaja sahiptir.

Temel Metropolis-Hastings algoritması şu aşamalara sahiptir:

1. Parametre için başlangıç değeri olan S oluşturulur.

$\theta j=0 = S.\ j = 1.$

2. Öneri yoğunluğundan θc ‘den α(.) aday parametre çizilir.

3. Oran hesaplanır. $R = \dfrac{f(Q^{c})\alpha(Q^{j-1}|Q^{c})}{f(Q^{j-1})\alpha(Q^{c}|Q^{j-1})}$

4. R değeri ile rasgele çizilen u değeri karşılaştırıldığında U(0,1), eğer R > u ise, θj = θc olur. Aksi takdirde θj = θj−1 eşitliği sağlanmaktadır.

5. j = j + 1 olana kadar 2. adımdan devam edilir.

İlk aşamada başlangıç parametre değerlerinin Gibbs örneklemesi gibi oluşturulması gerekmektedir. Başlangıç değerleri En Çok Olabilirlik tahmini ve diğer yöntemlerle tahmin edilebilir. MCMC teorisi algoritmanın başlangıç değerleri ne olursa olsun önsel dağılım ile ilgilenmektedir.

İkinci aşamada, θc parametresi için oluşturulan aday değer, öneri yoğunluğundan bir değer oluşturulup simüle edilerek elde edilir. Simüle edilen değer aday olarak ifade edilir, çünkü dağılımdan otomatik olarak kabul edilemez. Örneklemden oluşan öneri yoğunluğu kolay formlar alabilir. (normal, düzgün, vb.). Öneri yoğunluğunun, ortak dağılım olmadığı göz önüne alındığında, aday parametrenin hedef dağılım olup olmadığı kontrol edilmelidir. Çoğu zaman, simetrik öneri yoğunluğu (normal veya tekdüze) (θj−1) parametresinin şimdiki değeri üzerinde durulur.

Üçüncü aşamada, asimetrik öneri dağılımı kullanıldığında düzeltme faktörü olan R oranı asimetrikliği ayarlamak için kullanılır. Düzeltme faktörü 3. adımda oranın ikinci yarısıdır. Önem oranı olarak adlandırılan oranın ilk kısmı f(θc)/f(θj−1) normalleşmemiş önsel dağılım oranı aday parametre değeri (θc) bir önceki parametre değeri (θj−1) olarak değerlendirilir. Oranın ikinci kısmı [α(θj−1|θc)/α(θc|θj−1)] öneri yoğunluğu oranı aday parametre ve önceki değerlere bağlıdır. (a|b) olasılık değerinin anlamı, zincir konumu b göz önüne alındığında, önerilen a değeri aday değer olacaktır. Bu oran asimetrik öneriler ile bazı aday değerlerin diğerlerine göre daha sık seçilebilmesine, böylelikle algoritma Metropolis-Hastings algoritması yerine sadece Metropolis algoritması kullanılmaktadır.

Dördüncü aşamada, U(0,1) olan bir yoğunluğa sahip R oranıyla karşılaştırılmaktadır. Eğer R>u ise, aday parametre sonsal yoğunluk p(.) değeri olarak ifade edilir. Aksi takdirde bir önceki parametre değeri korunur.

Tarihsel olarak, iki popüler Metropolis-Hastings stratejisi kullanılır. Bunlar i) Şu anki durumda olan bir öneri dağılımı Bağımsız Örneklem Metropolis-Hastings (MHIS), ii) Rassal yürüyüş Metropolis-Hastings algoritması (RWMH), şu anki durumda öneri dağılımının rassal olduğu durumda Gauss dağılımı ile sabit varyans matrisinden çekilmektedir.

1.8.3.2. Tek Bileşenli Metropolis- Hastings Algoritması

Orijinal Metropolis-Hastings algoritması her bir bileşendeki yeni bir durumu birbiri ardınca sırasıyla örnekleme dayandırmaktadır. Zincirdeki her bir durum için parametre uzayındaki her bir bileşen örneklenmektedir. Öneri dağılımı genel olarak simetrik olduğunda, bu yönteme tek bileşenli Metropolis-Hastings algoritması denmektedir.

Parametre uzayının şu anki durumda iki bileşene, yani $X^t = (X_1^t, X_2^t)$ olarak bölündüğünü varsayılım. İlk bileşen olan Y1'in örneklemden çekilen simetrik koşullu öneri dağılımı $q_1(.|(X_1^t, X_2^t))$ ve olasılıkla kabul edilen yeni bileşen $X_1^{t+1} = Y_1$ olduğunda,

$$\alpha = \min\left(\frac{1, \pi\left(Y_1 \middle| X_2^t\right)}{\pi\left(X_1^t, X_2^t\right)}\right) \text{ ile ifade edilir.} \qquad (1.41)$$

Aksi taktirde $X_1^{t+1} = X_1^t$ olarak gösterilmektedir. $\pi(.|.)$ ifadesi tüm koşullu olasılık yoğunluğunu ve $q_1\left(Y_1 \middle| X_1^t, X_2^t\right)$ ifadesi ise, X_1^t ve X_2^t koşulu altında Y_1 noktası arasındaki hareketli olasılığı belirtmektedir.

Öneri dağılımından örneklenen ikinci bileşen $q_2\left(.\middle|\left(X_1^t, X_2^t\right)\right)$ benzer bir şekilde kabul edilme olasılığı,

$$\alpha = \min\left(\frac{1, \pi\left(Y_2 \middle| X_1^{t+1}\right)}{\pi\left(X_2^t, X_1^{t+1}\right)}\right) \text{ ile ifade edilir.} \qquad (1.42)$$

Aksi taktirde $X_2^{t+1} = X_2^t$ olarak gösterilmektedir. Yeni durum olan X^{t+1} tamamen tanımlanmıştır (Haario, Saksman & Tamminen 1999: 4).

i) Bağımsız Örnekleyici MCMC: Bağımsız örnekleyici MCMC algoritması, genel Metropolis-Hastings algoritmasının özel bir durumudur. Metropolis-Hastings algoritmasından farklı olarak, Markov zinciri için önerilen yeni değerler zincirdeki önceki değerinden bağımsız olduğunda 'Bağımsız Örnekleyici' adını almaktadır. Markov zinciri her bir yeni değerin kabul olasılığı tanımından bağımsızlık özelliğine rağmen algoritma sonuçlanmaktadır. Önsel dağılım $\pi(x)$ bilindiğini ve hedef denge dağılımının tanımlandığını varsayalım. Algoritma aşağıdaki gibi gösterilmektedir. http://www.lancaster.ac.uk/pg/jamest/Group/stats4.html

1. t=0 ve başlangıç değerini x_0 olarak belirleyelim.

(x_0= xyeni)

2. Olasılık yoğunluk fonksiyonu olan p(x)'den, zincir için $x_{\ddot{o}neri}$ değişkeni oluşturulur.

3. Aşağıdaki olasılık oranı hesaplanır:

$$\alpha\left(x_{yeni}, x_{\text{olasılas}}\right) = \min\left(1, \frac{\pi\left(x_{\text{olasılas}}\right)p\left(x_{yeni}\right)}{\pi\left(x_{\text{yeni}}\right)p\left(x_{\text{olasılas}}\right)}\right)$$

4. U(0,1) uniform dağılımından u örneği alınır.

5. $u \leq \alpha$ ise x_i=$x_{\text{olasılık}}$

6. x_i = x_{yeni} oluşturulur.

7. Süreç i=1'den N'e kadar devam eder.

İyi bir öneri yoğunluğunda hedef dağılımında daha kalın kuyruklar olmalıdır. Bu gereklilik önsel dağılımın ne olduğunun bilinmediği durumlarda daha zor olmaktadır.

ii) Rassal Yürüyüş Metropolis-Hastings Algoritması: Temelde MCMC yöntemi, tüm bileşenlerin aynı anda örneklendiği tek bileşenli Metropolis-Hastings algoritmasıyla yenilenmiştir. Örneklemle oluşturulan Markov zinciri öneri dağılımından aday nokta olan Y değeri $q(.|X) = \lambda_0 + X$, buradaki λ_0 durağan simetrik dağılımı ifade etmektedir. X^t ve Y noktası arasındaki hareketli olasılık aşağıdaki gibi belirtmektedir.

$$\alpha\left(X^t, Y\right) = \min\left(1, \frac{\pi(Y)}{\pi\left(X^t\right)}\right) \tag{1.43}$$

Formüldeki $\pi(.)$ ifadesi hedef dağılımın koşullu olasılığını ifade etmektedir.

1.8.3.2.1. Resmi olmayan türetme (An Informal Derivation)

Metropolis ve arkadaşları tarafından Markov zincirine dayanan simülasyonu kullanarak Metropolis algoritmasını formüle etmişlerdir. Sonra, Hasting, bu orijinal yöntemi genelleştirmiş ve bunu Metropolis-Hasting algoritması olarak adlandırmıştır. Green, Metropolis-Hasting algoritmasını genelleştirerek farklı boyutlu parametre uzaylarından örnekleme için Tersinir Atlamalı Metropolis-Hastings adını vermiştir.

Hedef dağılımı doğrudan örnekleme mümkün olmayabileceğinden, Metropolis-Hastings algoritması öneri dağılımı üretmektedir. Bu dağılımlar düzeltilmiş olarak kabul edilip, asimptotik olarak istenilen denge ve hedef dağılımlar rastgele gözlemler olarak ele alınır. Metropolis-Hastings algoritması tarafından üretilen Markov zinciri, her aşama iki adımda gerçekleşir. Bunlardan biri öneri adımı, diğeri ise kabul adımıdır. Bu iki adımdan biri olan öneri dağılımı ve kabul olasılığı birbiriyle ilişkili olup, Metropolis-Hastings algoritmasının çekirdeğini oluşturmaktadır.

Resmi olmayan türetmedeki kabul olasılığı a(x, y), Chib ve Greenberg (1995) tarafından öğretici çizimleri yapılmıştır. Dengedeki ortak güncelleme Metropolis-Hastings algoritması için, rassal vektör (Xn, Yn+1), geçerli markov zinciri ve öneri içeren, ortak yoğunluk değeri olan g aşağıdaki gibi ifade edilir.

$$g(x, y) = q(x, y)\,\pi(x) \tag{1.44}$$

Fonksiyondaki π değeri denge yoğunluğu, q değeri Yn+1'in öneri yoğunluğunu, Xn ise x değerini göstermektedir. q değerinde tersine çevrilebilir bir durum varsa, bütün (x,y) değerleri için doğru geçiş için öneri yoğunluğu Metropolis-Hasting zincirinin özünü oluşturmaktadır.

$$q(x, y)\,\pi(x) = q(y, x)\,\pi(y) \tag{1.45}$$

Bazı (x, y) değerleri için ise büyük olasılıkla

q (x, y) π (x) > q(y, x) π (y) ,

Eşitliği elde edebilmek ve tersine çevrilebilirliği sağlamak için, sol taraftaki olasılık a (x, y) < 1 olarak tanımlanırken, x'den y'ye geçişler (x≠y), q (x, y) a (x, y) 'e uygun hale getirilir. Sağ taraftaki olasılık ise, a (y, x) = 1 olarak tanımlanır.

$$q(x, y)\, \pi(x)\, a(x, y) = q(y, x)\, \pi(y)\, a(y, x) \quad (1.46)$$

$$= q(y, x)\, \pi(y)$$

Kabul olasılığı aşağıdaki gibi ortaya çıkmaktadır.

$$a(x, y) = \frac{\pi(y) q(y, x)}{\pi(x) q(x, y)} \quad (1.47)$$

q (x, y) π (x) > q(y, x) π (y) eşitsizlik tersine çevrilirse, (x, y) = 1 olarak tanımlandıktan sonra a (y, x) yukarıdaki gibi uygun olarak elde edilir. Olasılıklar denge durumunda garanti altına alınmaktadır. Bu bilgiler kabul olasılığı olması gerektiğini ima etmektedir.

$$a(x, y) = \min\left(1, \frac{\pi(y) q(y, x)}{\pi(x) q(x, y)}\right), \quad \pi(x) q(x, y) > 0 \quad (1.48)$$

q (x, y) π (x) = q (y, x) π (y) eşitlikte a (x, y) = 1 olarak kabul edildiğinde y değeri denge dağılımdan örnekleme dağılımına eşdeğerdir.

1.8.3.2.2. Resmi türetme (A More Formal Derivation)

$$a(x, y) = \min\left(1, \frac{\pi(y) q(y, x)}{\pi(x) q(x, y)}\right), \quad \pi(x) q(x, y) > 0 \quad (1.49)$$

Yukarıdaki eşitlikte verilen resmi türetme sonucundaki kabul olasılığı tersine çevrilebilir MCMC yaklaşımında yardımcı olacaktır. Metropolis- Hasting algoritmasında iki uygulama arasında farklılıklar vardır. Bunlar eş-zamanlı ve tek taraflı olan güncelleme algoritmalarıdır. Resmi türetmede rassal değişkenler ortaklaşa güncellenmekte, ikincisinde ise, rassal değişkenler bir kez güncellenmektedir. Tersine çevrilebilir MCMC yaklaşımında, tek taraflı güncelleme stratejisi olarak öneri dağılımı ve hedef dağılımı, farklı boyut uzaylar üzerinde yoğunluklarına sahiptir.

Metropolis–Hastings eş-zamanlı güncelleme algoritması, X_n değişkenindeki n değeri Metropolis-Hastings algoritmasının durumunu göstersin, $X_1,X_2....,X_n$'e kadar olan değerler Y_{n+1} zincirinin sonraki durumu için öneride bulunsun. Bunun sonucunda eş-zamanlı güncelleme kabul olasılığı, Metropolis-Hasting algoritmasının tersine çevrilebilme koşulu için türetilmiştir.

$$P\,(Xn \in A,Xn+1 \in B) = P\,(Xn \in B,Xn+1 \in A) \qquad (1.50)$$

Eşitlikte A,B ⊆ Rd olarak ifade edilmektedir. Eşitliğin sol tarafı aşağıdaki gibi açılmaktadır.

$$P(X_n \in A, X_{n+1} \in B) = \int_A P(X_{n+i} \in B | X_n = x)\pi(x)dx \qquad (1.51)$$

B ⊆ Rd değeri için öneri dağılımı,

$$Q(x,B) = P(Y_{n+1} \in B | X_n = x) = \int I(y \in B)q(x,y)dy \qquad (1.52)$$

B'nin elemanı olan Yn+1 koşulu altında Xn = x olarak tanımlandığında,

$$Qa\,(x,B) = P\,(Yn+1 \in B \text{ ve } Yn+1 \text{ kabul edilen } |Xn = x)$$

$$= \int I(y \in B)q(x,y)a(x,y)dy$$

$$s\,(x) = P\,(Yn+1 \text{ reddedilen } |Xn = x)$$

$X_n = x$ verildiğinde koşullu olasılık reddedildikten sonra geçiş çekirdeği (kernel)

$$P(X_{n+1} \in B|X_n = x) = Qa(x,B) + s(x)\, I(x \in B)$$

olarak ifade edilir.

Peskun (1973) tarafından önerilen büyük kabul olasılığı seçiminde (y,x=1 olduğunda) ;

$$a(x,y) = \min\left(1, \frac{q(y,x)\pi(y))}{q(x,y)\pi(x)}\right) \text{ olarak ifade edilir.}$$

Tek taraflı güncelleşme algoritmalarında ise; $X_n \in R^d$ sadece bir bileşeni aynı anda güncellenir. $X_n = x$ verildiğinde, Y_{n+1} değeri i'ninci bileşen haricinde x'e eşit olduğunda, x_i rassal değişkeni Z_i ile değiştirildiğinde tek boyutlu öneri yoğunluğu qi(x) x alt kümesi üzerinde bağlı olmayabilir.

$$Y_{n+1} \in B \Leftrightarrow (x1, \ldots, xi-1, Zi, xi+1, \ldots, xd) \in B,$$

Y_{n+1} değeri olasılığı $B \subseteq Rd$ bağlı olan, $X_n = x$'in önerilen olasılık dağılımı;

$$Q(x,B) = P(Y_{n+1} \in B|X_n = x)$$

$$= \int I((x_1, \ldots\ldots, x_{i-1}, z_i, x_{i+1}, \ldots\ldots, x_d) \in B) q_i(x, z_i) dz_i$$

tek boyutlu integral elde edilir.

Gerçekleştirilen değer eşitliğinden hareket edilirse,

$$x = (x1, \ldots, xi-1, xi, xi+1, \ldots, xd)$$

ve gerçekleştirilen değer eşitliği

$$x' = (x1, \ldots, xi-1, zi, xi+1, \ldots, xd).$$

Önceki duruma karşılık olarak, x değişkeninden farklı olarak x değeri aşağıdaki gibi ifade edilir. $B \subseteq Rd$ bağlı olan Xn + 1 ait olan olasılık değeri Xn = x olduğunda,

$$P(X_{n+1} \in B|X_n = x) = Qa(x,B) + s(x)\, I(x \in B),$$

Q^a (x,B) = P (Yn+1 ∈ B ve Yn+1 kabul edilen|Xn = x) fonksiyonun eşitliği

$$Q^a(x,B) = \int I(x' \in B) a(x,x') q_i(x,z_i) dz_i$$

Peskun (1973)'a göre kabul olasılığı kriterine göre;

$$a(x,x') = \min\left(1, \frac{q_i(x',x_i)\pi(x')}{q_i(x,z_i)\pi(x)}\right)$$

(Sorensen, D. & Gianola D., 2002: 502).

1.8.3.3. Tersinir Atlamalı Markov Zinciri Monte Carlo

Tersinir Atlamalı Markov zinciri Monte Carlo Green (1995) tarafından ortaya konulmuştur. Diğerleri arasında, Richardson & Green (1997), Dellaportas vd. (1998), Denison vd. (1997), Troughton & Godsill (1997), Insua & MÄuller (1998), Barbieri & O'Hagan (1996) ve Huerta & West (1999) sırasıyla, değişken seçimi, eğri uydurma, otoregresif modeller, yapay sinir ağları, ARMA modelleri ve AR modelleri içindeki bileşen yapısında tersinir atlamalı markov zinciri monte carlo uygulanmıştır.

Karşılaştırılmalı modellerin sayılabilir ve $M = \{M_1, M_2, ...\}$ olarak gösterildiğini varsayalım. M_k modeli altında önsel dağılım aşağıdaki eşitlikteki gibi gösterilmektedir.

$$p(\theta_k | y, k) \propto p(y|\theta_k, k) p(\theta_k | k) \tag{1.53}$$

$p(y|\theta_k, k)$ ve $p(\theta_k|k)$ sırasıyla, olasılık modeli ve model Mk parametrelerinin önsel dağılımını temsil etmektedir.

$$p(\theta_k, k | y) \propto p(k) p(\theta_k | k, y) \tag{1.54}$$

RJMCMC yöntemleri ile Metropolis-Hastings tipi algoritmaları içeren simülasyon analizi tanımlanan modeller arasında yer almaktadır.

1.9. Gibbs Örneklemesi

Gibbs örneklemesi Geman & Geman (1984) tarafından önerilen Gibbs örneklemesi Gelfand & Smith (1990) tarafından yeniden geliştirilmiştir. Metropolis-Hastings uygulamasının özel bir durumudur. Önerilen yoğunluğu $q(\theta' | \theta^t)$ olarak alır. Tam koşullu posterior dağılımı $f(\theta_j | \theta_{j,y})$ olarak tanımlanır (Congdon, 2006: 350).

Bu gibi önerilen dağılımlar, kabul olasılığı α=1 iterasyonunda sonuç verdiğinde böylece önerilen değer her adımda kabul edilir. Gibbs örneklemesi Metropolis-Hastings algoritmasının özel bir durumu olmasına rağmen genellikle ayrı bir simulasyon yöntemi olarak bahsedilir. Bunun nedeni yöntemin çok popüler olması ve kolaylık sağlamasıdır. Gibbs örneklemesinin bir avantajı da her bir adımda rassal değişkenlerin hesaplama araçları çok çeşitli olan tek boyutlu dağılımlardan elde edilmesidir. Sıklıkla, bu koşullu dağılımlar bilinen bir forma sahiptirler ve böylece rassal sayılar, istatistiksel ve hesaplama yazılımlarında standart fonksiyonlar kullanılarak kolaylıkla simülasyonla üretilirler. Gibbs örneklemesi her zaman yeni bir değere doğru gider ve en önemlisi önerilen bir dağılım tanımına gerek duymaz. Ancak diğer taraftan, parametre uzayının anlaşılması güç/karışık olduğunda veya parametreler oldukça yüksek ilişkili olduğunda etkili/başarılı olmayabilir.

Algoritma aşağıdaki adımlarla özetlenebilir:

1. θ^0 başlangıç değerini alır.

2. t=1,2,...,T için aşağıdaki adımlar tekrarlanır.

a. $\theta = \theta^{t-1}$ alınır.

b. j= 1, 2,...., d için $\theta_j \sim f\left(\theta_j \middle| \theta_{j,y}\right)$ için θ_j dağılımından güncellenir.

c. $\theta^{(t)} = \theta$ alınır ve bu, algoritmanın (t+1). iterasyonunda üretilen değerlerin kümesi olarak alınır.

Zincirin özel bir kısmı kullanılarak yeni parametre değerleri türetilir.

$$f\left(\theta_1 \middle| \theta_2^{(t-1)}, \theta_3^{(t-1)}, \ldots\ldots, \theta_p^{(t-1)}, y\right) den \quad \theta_1^t$$

$$f\left(\theta_2 \middle| \theta_1^{(t-1)}, \theta_3^{(t-1)}, \ldots\ldots, \theta_p^{(t-1)}, y\right) den \quad \theta_2^t$$

$$f\left(\theta_3 \middle| \theta_1^{(t)}, \theta_2^t, \theta_4^{(t-1)}, \ldots\ldots, \theta_p^{(t-1)}, y\right) den \quad \theta_3^t$$

.

.

.

.

$$f\left(\theta_j \middle| \theta_1^{(t)}, \theta_2^{(t)}, \ldots, \theta_{j-1}^{(t)}, \theta_{j+1}^{(t-1)} \ldots\ldots, \theta_p^{(t-1)}, y\right) den \quad \theta_j^t$$

Örneğin; Metropolis-Hasting'den alınan tekrarlanan örneklemler Gibbs örnekleyicisi gibi sayı dizilerini otekorelasyonu oluşturulup, düzenli koşullara bağlı olarak (ergodiklik, vb.), başlangıç değerlerini unutarak $\theta^{(0)} = \left(\theta_1^{(0)}, \theta_2^{(0)}, \ldots\ldots, \theta_D^{(0)}\right)$ zinciri başlatmak için kullanılan, durağan bir örnekleme dağılımı p(θ|y)'a yakınlaşmaktadır.

1.9.1. Gibbs Örneklemesi İçinde Metropolis

Bazı bileşenlerin kolayca simüle edilemediği durumlarda, bu tür kabul-ret algoritması olarak özelleştirilmiş bir algoritmaya başvurmadan bunun yerine, Müller (1991, 1993) Gibbs algoritması olan Gibbs Örneklemesi içinde Metropolis önermektedir. Gibbs örneklemesinde her bir adım için, Metropolis Hastings simülasyonu yerine $f_k\left(x_k \middle| x_i, i \neq k\right)$ fonksiyonundan örneklem almak zordur.

i) Gibbs Örneklemesi İçinde Metropolis Aşamaları

i= 1,….. , K'ya kadar $\left(x_1^{(t+1)},\ldots,x_{i-1}^{(t+1)},x_i^t,\ldots\ldots,x_k^{(t)}\right)$ verildiğinde;

1. $x_i^* \approx q_i\left(x_i \middle| x_1^{(t+1)},\ldots\ldots,x_{i-1}^{(t+1)},x_i^{(t)},\ldots\ldots x_K^{(t)}\right)$

oluşturulur.

2. $$r = \frac{f_i\left(x_i^* \middle| x_1^{[t+1]},\ldots\ldots,x_{i-1}^{(t+1)},x_{i+1}^{(t)},\ldots\ldots x_K^t\right)}{f_i\left(x_i^{(t)} \middle| x_1^{(t+1)},\ldots\ldots,x_{i-1}^{(t+1)},x_{i+1}^{(t)},\ldots\ldots,x_K^{(t)}\right)}$$

$$\times \frac{q_i\left(x_i^{(t)} \middle| x_1^{(t+1)},\ldots\ldots,x_{i-1}^{(t+1)},x_i^*,x_{i+1}^{(t)},\ldots\ldots,x_K^t\right)}{q_i\left(x_i^* \middle| x_1^{(t+1)},\ldots\ldots,x_{i-1}^{(t+1)},x_i^{(t)},x_{i+1}^t,\ldots\ldots,x_K^t\right)}$$ hesaplanır.

3. $x_i^{t+1} = x_i^*$ min(1,r) ve $x_i^{(t+1)} = x_i^t$ olasılıkla geriye kalan olasılığı hesaplanır.

Bu algoritmada, Metropolis Hasting adımı, her tekrarda sadece bir kez yapılır; $f\left(x_1,\ldots\ldots,x_k\right)$ fonksiyonu durağan dağılım olarak kabul edilir. x_i'nin tüm bileşenleri kesikli olduğu durumda Gibbs Örneklemesi İçinde Metropolis, Gibbs örneklemesinden daha etkili olabilir. Kesikli Markov zinciri için, Liu (1996) Gibbs örneklemesi Metropolis Hasting adımlarıyla h(x(t))'in ortalama ve daha küçük varyansa sahip olması açısından geliştirilebilir olduğunu söylemektedir. Koşullu dağılım $f_i\left(x_i \middle| x_j, j \neq i\right)$ kesikli dağılımı ve şu anki durum olan verildiğinde, Liu'nun modifikasyonu aşağıdaki gibi açıklanır:

1. yi , xi'den farklı olarak olasılıkla ifade edildiğinde;

$$\frac{f_i\left(y_i \middle| x_j^{(t)}, j \neq i\right)}{1 - f\left(x_i^{(t)} \middle| x_j^{(t)}, j \neq i\right)}$$

2. Metropolis Hasting kabul olasılığı ile $x_i^{(t+1)} = y_i$ kurulup,

$$\min\left\{1, \frac{1 - f\left(x_i^{(t)} \middle| x_j^{(t)}, j \neq i\right)}{1 - f\left(y_i \middle| x_j^{(t)}, j \neq i\right)}\right\}$$

ve $x_i^{(t+1)} = x_i^{(t)}$ geriye kalan olasılıkla oluşturulur.

Değiştirilebilir algoritmanın etkinliği durum uzayı etrafında olan artan hareketlilik türetilmiştir. Bu durum, Peskun (1973) konuyla ilgili genel bir sonuç ortaya koymuştur. Bu durumda P2 olmayan köşegen elemanları P1 daha büyük olacak şekilde geçiş matrisleri P1 ve P2 ile sayılabilir durum uzayında iki geri dönüşümlü Markov zincirlerini, düşünün. Sonra T2 tarafından uyarılan zincir varyans bakımından T1 tarafından uyarılan zinciri hakimdir. Metropolized Gibbs örnekleyici bu teoremin bir uygulama olarak görülebilir (Liang, Liu & Carroll, 2010: 75).

1.9.2. Gibbs örneklemesi kesiti

Gibbs örneklemesi kesiti, Gibbs örneklemesinin özel bir türüdür. Örnekleme sürecini düzenleyen gizil değişkeni açıklamaktadır. Rassal değişken u, koşul değişken x ve elde edilecek örneklem ise P(x) olarak tanımlanır.

x ~P(x)

u|x ~ Tekdüze([0, P(x)])

Ortak dağılım olan P(x, u), x'in marjinal dağılımı değeri P(x)'ye benzemektedir. P(x, u) olasılığından örneklem elde edebilirsek eğer, u değeri ihmal edildiğinde sadece P(x) değeri bize bilgi verecektir. Gibbs örneklemesinin P(x, u) için uygun güncelleştirmeleri vardır:

u(i+1) ~Tekdüze([0, p(x(i))])

x(i+1) ~Tekdüze({x : p(x) > u(i+1)})

Tam koşullu sonsal (posterior) dağılımlar uygun bir forma sahip olmadığında kullanılır. Bu yöntem, parametre uzayına, uygun rassal değişkenlerin (yardımcı değişkenler) bir kümesini ekleyerek parametre uzayını arttırır. Bu yardımcı değişkenler ilgilenilen marjinal sonsal dağılımı değiştirmez ancak tüm koşulları dağılımın standart formuna dönüştürür. Bu yolla basit bir Gibbs örnekleyicisi direk olarak uygulanabilir. Bu yöntem ayrıca yardımcı değişkenler yöntemi olarak adlandırılır ve 1990'ların sonlarında istatistiksel fizikte uygulanmıştır (Neal, 2003: 716).

1.10. Metropolis-Hasting Ve Gibbs Arasındaki İlişki

Gibbs örneklemi ve Metropolis-Hastings simülasyonla ilgili yaklaşımlardır. Gibbs örneklemesi Metropolis –Hasting algoritmasının özel bir durumu olan her bir parametrenin rassal değişkenin öneri yoğunluğu tam koşula sahiptir. Gibbs örneklemesinde her bir aday seçilir. Bunun nedeni R oranının her zaman 1'e eşit olmasıdır. R oranının bileşenlerini düşünecek olursak, R değeri:

$$R = \frac{f(Q^c)\alpha(Q^{j-1}|Q^c)}{f(Q^{j-1})\alpha(Q^c|Q^{j-1})} \qquad (1.55)$$

Paydaki ilk dönem, aday değerin önsel dağılımını göstermektedir. Paydaki ikinci dönem, verilen önceki noktaya geri dönen sonsal olasılık şimdiki noktayı göstermektedir. %100 kabul oranı Gibbs örneklemesini daha faydalı ve Metropolis-Hastings algoritmasından daha hızlı olduğunu göstermektedir.

İkinci olarak Gibbs örneklemi ve Metropolis-Hastings örneklemi çok değişkenli yoğunluklardan örneklem için birleştirilmektedir. Gibbs örneklemesi koşullu yoğunlukları kullanarak birleşik yoğunluğu böler. Metropolis içindeki Gibbs örneklemesi, eğer bütün algoritmalar Metropolis algoritması gibi görülürse parametre bileşenleri her seferinde güncellenecektir. Aslında, Gibbs örneklemesi Metropolis – Hastings örnekleminin özel bir durumudur ve böylece tüm algoritmalar Metropolis-Hastings algoritmasıdır.

Problemdeki tüm parametreler eş zamanlı olarak güncellendiğinde Metropolis algoritması gerekmediği için, Metropolis Hastings parametresindeki güncellenen parametreler Gibbs örneklemesi gibi görünmektedir. Metropolis Hastings algoritması Gibbs örneklemesinden iki önemli yönden farklılık göstermektedir. İlk olarak, aday parametre otomatik olarak kabul edilemez, çünkü uygun koşul dağılımından değil öneri yoğunluğundan gelmektedir. İkinci olarak, öneri yoğunluğu kuşatan fonksiyon değildir.

Kısacası, bütün Gibbs örneklemi Metropolis Hastings örneklemidir, fakat bütün Metropolis Hastings örneklemi Gibbs örneklemi değildir (Lynch, 2007: 113).

1.11. The Metropolis–Hastings–Green Algoritması

Green (1995) yılında bazı fikirler ortaya koymuştur. Bunlar:

- Duruma bağlı güncelleştirmelerin birleştirilmesi

- Radon–Nikodym türevini kullanarak Metropolis-Hastings teorik olarak ölçülmesi
- Her bir durum uzayı güncellemesinin arttırılması
- Jacobians ile Metropolis-Hastings

Herbirinin bireysel olarak büyük katkısı olmaktadır. A çekirdeği K(x,A) değeri düzenli koşullu olasılık değerini belirtmektedir. Durum uzayında sabit bir nokta olan x, K (x,.) durum alanı üzerinde sayılabilir katkı sağlamaktadır. Durum uzayında sabit ölçülebilir A kümesi için, K (•, A) durum alanı ölçülebilir gerçek değerli bir fonksiyondur. Eğer,

$K(x,A) \geq 0$, her x ve A için,

Bu durumda K değeri negatif değildir. K negatif değilse,

$K(x,A) \leq 1$, her x ve A için,

K'nın alt-markov olduğu söylenir. K alt-markov ise;

$K(x, S) = 1$, her x için,

S durum uzayı olduğunda, K'nın markov olduğu söylenir. Bir Markov çekirdeği düzenli koşullu olasılık ve Markov zinciri veya kombine güncelleştirme için bir temel güncelleme mekanizması tanımlamak için kullanılır. Yaygın olarak kullanılan düzensiz notasyonda, birleşik güncellemeyi açıklamak için, aşağıdaki eşitlik kullanılır.

$K(x,A) = Pr(Xt+1 \in A \mid Xt = x)$

Eğer, ölçülebilir g ve h fonksiyonları için beklentiler gerçekleşiyorsa, K çekirdeği tersine çevrilebilir olduğunda, m değeri aşağıdaki gibi hesaplanabilir.

$$\iint g(x)h(y)m(dx)K(x,dy) = \iint h(x)g(y)m(dx)K(x,dy)$$

g sınırlı fonksiyon ise, Markov çekirdeği olan P değeri olasılık değeri olan π 'yi korur.

$$\iint g(y)\pi(dx)P(x,dy)=\int g(x)\pi(dx)$$

(Geyer, 2010: 37).

1.12. R Paket Programı

R dili temel olarak istatistikçiler tarafından geliştirilmektedir. İlgili istatistik tekniklerinin teorik yapısına ilişkin bilgi, programlama üzerinde gösterilmektedir. Ayrıca istatistik alanında meydana gelen gelişmeler R for Windows paket programına kolaylıkla adapte edilmektedir.

R for Windows paket programı çevre birimi kullanıcılara;

- Etkin bir veri işleme ve depolama olanağı,
- Dizi ve matris hesaplamaları için komutlar grubu,
- Veri analizi için ileri düzeyli teknikler topluluğu,
- Verinin ekranda ya da basılı bir eserde görüntülenebilmesine olanak veren geniş grafiksel özellikler,
- Kolay programlamaya uygun fakat karmaşık programlama dillerinin özelliklerin sahip bir programlama dili olanaklarını sunmaktadır (Er & Sönmez, 2005: 2). İstatistiksel hesaplamada kullanılan açık kaynak kodlu R sistemi, veri analizi ve grafik çizme için bir çevredir. R'ın kökü, Bell Labratories'de 1960'lı yıllarda John Chambers ve arkadaşları tarafından geliştirilen S yazılım dilidir. http://www.R-project.org R'ın resmi web sitesidir. R'ın en önemli özelliği ücretsiz olmasıdır. R açık kaynaklı ve ücretsiz olan kütüphaneler ile çalışmaktadır. R'ın gücü ve kullanım kolaylığı bu kütüphanelere dayanmaktadır. R programında her konuda hazır fonksiyonlara sahip kütüphaneler yüklenip kullanılabilir. Böylece R, kullanılan en güncel yöntemleri uygulamamıza olanak sağlamaktadır (Gürsakal, 2014: 6).

Bayesyen istatistiğin sahip olduğu koşullu durumlar, karmaşık ve çok bileşenli bileşik sonsal dağılımların elde edilmesine neden olmaktadır. Bunun sonucunda, sonsal dağılımların elde edilmesinde çok boyutlu sayısal çözümleme tekniklerinin kullanılmasında fayda vardır. Tez çalışmasında kullanılan Monte Carlo similasyon teknikleri, R programı yardımıyla uygulanabilmektedir.

Learn Bayes paketi, istatistiksel çıkarımın temel ilkelerini öğrenmede yararlı fonksiyonların bir koleksiyonunu içerir. Parametrelere ait sonsal dağılımların ve sonsal öngörü dağılımlarının özetlemesinde fonksiyonların temelini oluşturmaktadır. Kullanıcı tarafından tanımlanan sonsal dağılımları özetlemek için MCMC algoritmasına ait hazır algoritmalar oluşturulmuştur. Bayesyen testler, regresyon modelleri, Gibbs örneklemesi ve hiyerarşik modeller paketin en temel uygulama alanlarıdır (Albert, 2015: 24).

1.13. Mcmc Notasyonları

Bu bölümde MCMC yöntemlerinin en önemli notasyonları verilecektir. Zinciri kurmadan ve çalıştırmadan önce cevaplanması gereken birçok kritik soru vardır. Verilecek kararlar şunlardır: zincirin başlangıç değerinin belirlenmesi, burn-in atıldıktan sonra kalan iterasyon değeri, örneklem gecikmesi, çeşitli yazılım uygulama parametrelerinin ayarlanması gerekmektedir (Gill, 2015: 333).

1.13.1. Başlangıç Noktası

Simülasyonun önemli bir kısmı olan başlangıç noktası, belli bir yakınsama durumu hariç olduğunda çalışmaktadır. Genellikle bu durum, uzaydaki başlangıç noktalarını denemek ve onların önsel dağılımları (priors) arasındaki farklılıklarını faklı açıklamalara neden olup olmadığını gözlemlemektedir. Her ne kadar sistematik olmamasına rağmen, bu durum Markov zincirinin yakınsaması olmadığının bir işaretidir.

Zinciri başlatmak için kullanılan başlangıç değerleri başlangıç değeri olarak adlandırılır. Eğer bu başlangıç değerleri en yüksek sonsal (posterior) olasılık bölgesinden uzak ise, başlangıç değerleri sonsal özetlerini etkileyebilir ve türetilen örneklem büyüklüğü olan T değeri bu etkiyi elemine etmek için yetersiz olmaktadır. Algoritmanın ilk iterasyonlarını kaldırarak veya büyük iterasyon sayıları için algoritmayı çalıştırarak veya farklı başlangıç değerleri alıp farklı örnekler elde ederek başlangıç değerinin etkisinden kurtulabilir veya azaltabiliriz. Araştırmacılar, başlangıç değerlerini sonsal (posterior) dağılımın merkezine yakın olacak şekilde sağlamak için, başlangıç noktalarını sonsal (posterior) mod veya en çok olabilirlik değerlerinde seçerler. Birçok araştırmacıya göre en çok olabilirlik seçeneği, genellikle zayıf başlangıç noktaları sağlar. Diğer başlangıç noktalarında, bilgi veren önseller kullanıldığında önsel dağılımın modu ve medyanı bilinmektedir. Sonuçta, çoklu modları olan problemler için farklı başlangıç noktaları olan çoklu zincirlerin kullanılması önerilir.

1.13.2. Zincirin Azaltılması

Similasyonların çok uzun olduğu zamanlarda, bu durum zaman içinde önemli ölçüde azalır olmasına rağmen bilgisayardaki gözle görülen zincir değerlerinin depolanması sorun olmuştur. Sosyal bilimlerdeki modeller, istatistikte çok fazla sayıda model parametresi içerir; gelecekteki araştırmalar için gerekli olabilir ancak disiplinler arasındaki sınırlar geri çekilebilir. MCMC'den türetilen örneklemler bağımsız olmamasından dolayı, üretilen değerlerin otokorelasyonlarına sahip olmamız gerekir. Her bir değerin gecikmeli değeri alınarak otokorelasyonların düşük olduğunu gösteren bir gecikme alınır. Her iterasyon gecikmesi alınarak bağımsız örneklemler oluşturulur. Çok boyutlu problemlerin hesaplanmasında yarar sağlamaktadır.

1.13.3. Burn-İn Periyodu

Burn-in periyot, örneklemde başlangıç değerinin etkisini kaldırmak için periyoda ilk B iterasyonun atanmasıdır. Eğer türetilen örneklem yeterince büyük ise, sonsal özetlerin hesaplanmasında bu periyodun etkisi küçüktür. Başlangıç değerlerini iyi bilmediğimiz için, ilk zayıf tahminler MCMC çıktısıyla ilişkilidir. Herhangi bir çıkarım için bu erken tahminleri kullanmak istemediğimizden, bu nedenle tahminler burn-in periyoduna kadar atılmaktadır. Her bir zincir için burn-in periyodu uzunluğu birbirinden farklıdır. Teoride, Markov zincirinin denge yaklaşımının çabuk olacağı bilinseydi, burn-in periyodunda çıktı için bu bilgiler kullanılabilirdi. Uygulamada, yakınsama oranının ne olacağı hakkında bir bilgi olmamaktadır (Burke, 2012: 1).

1.13.4. Etkin Örneklem Hacmi

Zinciri açıklamada bağımsız iterasyonların eşdeğer sayılarının tahminini örneklem hacmi vermektedir. Monte Carlo standart hata (Monte Carlo Markov Zinciri simülasyonunda ne kadar hata olduğunu tahmin eder.) ve otokorelasyon fonksiyonuyla ilişkilidir. Örneklem büyüklüğü formülü:

$$M = \frac{n}{1 + 2\sum_{k=1}^{\infty} \rho_k} \tag{1.56}$$

Formülde n değerinin orijinal örneklem büyüklüğünü ve ise otokorelasyon fonksiyonunun k gecikme değerini göstermektedir (Burke,2012: 5).

1.13.5. Sapmanın Bilgi Kriteri

Modelde logaritmik olabilirliğe dayanan, uygun sapmanın değerlendirilmesi amacıyla D=−2log(L) eşitliği kullanılmaktadır.

Eğer Y bağımlı değişkeni r değerine bağımlı olduğunda, bağımsız θ parametresi verildiğinde, sapma aşağıdaki gibi faktörize edilebilir.

$$D = -2\log(L) = -2\sum_{r} d_r^2$$

Kalıntı sapmalarının kareleri tanımlandığında;

$$d_2^r = \log(P(Y_r|\theta))$$

Model karşılaştırmada kullanılan sapma bilgi kriteri (DIC), Spiegelhalter ve ark. (2002) tarafından önerilmiştir. Önsel ortalam sapma olan $\overline{D}$ karmaşık yapı olan p_D ile ölçülen eşitlik aşağıdaki gibi tanımlanmaktadır.

$$P_D = \overline{D} - D(\overline{\theta})$$

Araştırmayla ilgili olan parametrelerin seçilmesi büyük önem taşımaktadır. DIC sonsal ortalama sapma olan $\overline{D}$ ve p_D'nin toplamıdır.

DIC = + pD

1.13.6. Öneri Dağılımının Kanonik Formu

Herhangi bir öneri dağılımı, hedef dağılımdan π(.) örneklem seçmek için kullanılır. Öneri dağılımı ve hedef dağılımı arasındaki ilişki durağan dağılımın yakınsama hızını belirlemektedir. Yakınsanmış zincir yavaş bir şekilde karışabilir, yani π(.) etrafında yavaş hareket edebilir. Az simetrik ve çok boyutlu problemlerde, π(.)'nın form ve oryantasyonunu yaklaşık olarak açıklamak için gerekli olan açıklayıcı analizleri yapmak gereklidir. Hızla yükselen karışımın öneri dağılımı yapısına yardımcı olmaktadır. $q(.|.)$'nın kanonik formun düzensiz olmasına rağmen iyi sonuçlar vermesi, uygulama sürecinde yapılan deney ve ustalığa bağlıdır. Hesaplamalarda yeterli olması açısından $q(.|.)$'ın kolayca örneklem seçilebilen ve değerlendirilebilen bir yapıya sahip olması gereklidir (Gilks & Richardson,1996: 8).

1.13.7. Güncelleştirme Sırası

Sabit güncelleştirme gerekli olmamasına rağmen, rassal permütasyonların güncelleme sırası oldukça kabul edilebilirdir. Her bir iterasyon için bütün parametrelerin güncellenmesine gerek yoktur. Bazı parametreler bütün iterasyonlarda güncellenirken, bazıları ise belirli sayıda iterasyonda güncellenebilir.

1.13.8. Durdurma Zamanı Belirleme

Zincirin durdurma zamanına karar verilmesi önemli pratik bir durumdur. Duyarlı tahmincileri elde etmek amacıyla uzun zincir çalıştırmak gerekir. Tahmin edilen Monte Carlo varyansı bağımsız iterasyonların zayıflığıyla tamamlanır. Çalışma uzunluğunun yani n'in belirlenmesinde en yaygın yöntem olan farklı başlangıç değerleri ile tahmin edilen paralel zincirlerin değerlerini tahmin edilen varyans değerleriyle karşılaştırmaktır. Bu iki değer yeterli değilse, n'in değeri artış göstermektedir.

1.13.9. Çıkarsama ve Yakınsama Zamanı Belirleme

Markov zinciri simülasyonu uygulanması güçlü bir araç olmasına rağmen ciddi hatalar içermektedir. Bu nedenle Markov zinciri simulasyonunda karşılaşılan sorunlar aşağıda belirtilmektedir.

a) Uygun olmayan model: Varsayılan model, esas olarak gerçekçi olmayabilir veya veri uymayabilir.

b) Programlama ve hesaplama hataları: Simülasyon sürecindeki durağan dağılım hedef dağılımla aynı olmayabilir veya programlanan algoritma herhangi bir dağılımla yakınsanmayabilir.

c) Yavaş yakınsama: Başlangıç dağılımından oldukça yoğun bir şekilde etkilenen simülasyonlar birçok iterasyon için kalabilir. Eğer iterasyonlar hedef dağılımı özetlemiyorsa, onlar sahte çıkarsamalar verebilir.

İlk iki hata diğer istatistiksel yöntemlere bağlı olarak ortaya çıkabilir. Ancak Markov zinciri similasyonun karmaşık olan yapısı hata yapma riskini artırmaktadır. Gibbs örneklemi ve Metropolis algoritmasında sadece ortak dağılımın büyük ölçekli özellikleri model için anlaşılır olmaktadır. Yavaş yakınsama ise deterministik algoritma sebebiyle problem oluşturmaktadır (Gelman & Shirley, 2011: 170).

1.13.10. Bloke Etme

Tek bileşenli örneklemlerde bileşenlerin nasıl seçileceği hakkında bir şey söylenememektedir. Özellikle, düşük boyutlu veya sayılabilir bileşenler kullanılmaktadır. Bazı durumlarda, çok değişkenli bileşenler doğal olarak karşılanmaktadır. Bloke etme, yüksek boyutlu bileşen içindeki yüksek korelasyonlu bileşenler karıştırılabilir, ancak öneri seçimine bağlıdır.

1.13.11. Çıktı Analizi

Bayesyen analizde, Xt bileşenlerinin ortalama, standart sapma, korelasyon, güven aralıkları ve marjinal dağılımların sonsal dağılımları özetlenmektedir.

Ortalama, standart sapma ve korelasyonlar Monte Carlo çıktısında örneklem eşitliğinde tahmin edilmektedir. Xi'nin marjinal ortalama ve varyans tahmini,

$$\overline{X_i} = \frac{1}{n-m} \sum_{t=m+1}^{n} X_{t,i} \quad (1.57)$$

$$S_i^2 = \frac{1}{n-m-1} \sum_{t=m+1}^{n} \left(X_{t,i} - \overline{X_i}\right)^2 \quad (1.58)$$

MCMC çıktısı, MCMC çıktısında üretilen MCMC örneğini ifade eder. Genellikle başlangıç iterasyonları (burn-in periyodu boyunca üretilen) atıldıktan sonraki örneği ve uygun gecikmeleri çıktı olarak alır. Çıktı analizi ise, MCMC çıktısının analizidir. Bu, hem algoritmanın yakınsama prosedürünü hem de sonsal dağılımın tanımı için kullanılan örneğin analizini ve ilgilenilen parametreler hakkındaki yorumları içerir.

İKİNCİ BÖLÜM

BAYESYEN DEĞİŞİM NOKTASI MODELLERİ

2. GIRIŞ

Değişim noktası analizi, istatistikte en önemli konu başlığı olarak yıllardır süregelmiştir. Son on yıldır birçok yazar tarafından kabul edilip incelenmiştir. Değişim noktası analizi gözlemler dizisinin herhangi bir noktada değişikliğe sahip olup olmadığını, gözlemlerin bu noktadan sonra o noktaya kadar dağılımını belirlemek için kullanılan istatistiksel bir araçtır. Noktada meydana gelen değişikliklerin tespiti ve tahmini değişim noktası analizi ile ilgilidir.

Bayesyen değişim noktası analizinde bilinmeyen noktaların sayısı varsayıldığında, kesikli zaman değişim noktası modeli ile Gaussian gürültüsü sıralı algoritma tahmini Yao (1984)'ya dayanmaktadır. Barry & Harrigtan (1993) kesikli zaman değişim noktası modelinin tahmini için sıralı algoritma önermektedir. Sürekli zaman değişim noktası analizinde Green (1995) tersinir atlama algoritmasını kullanarak analiz etmiştir (Fearnhead, 2006). Green (1995)'de kullandığı gibi değişim noktasının bir öncesi ve değişim noktalarının sayısı göz önüne alındığında değişim noktalarının bir önceki faktorize edilebilir durumu Barry ve Hartigan (1993) sıralı algoritmasına uzanır.

Değişim noktası modelindeki parametre sayısı düzensiz olduğu için geleneksel olabilirlik teorisinin uygulanması zor olabilir. Geleneksel yöntemleri genellikle frekansçılar kullanmaktadırlar. Frekansçı yaklaşımlarla ilgili zorluklar ortaya konulduğunda, değişim noktası modellerinde her bir segment içindeki parametreler üzerindeki çıkarımları etkilemektedir. Modeldeki parametre sayısının değişim noktası sayısı ile yükselmesi sonucunda zorluklar daha da artmaktadır. Frekansçı yaklaşım çıkarımında değişim noktası sayısı i+1 değişim noktasına karşılık, i değişim noktasını test etmek için hipotez testi kullanılmaktadır. Literatürün genel bir kısmı ikili segmentasyona odaklanmakta, bunu tek bir değişim noktası için düşünmektedir.

Raftery & Akman(1986) değişim noktası analizinde sadece bir değişiklik noktası kullanmış olup, Yang & Kuo (2001) ise tekrarlanabilir ikili segmentasyon yaklaşımı kullanarak bayes yaklaşımını ortaya koymuşlardır (Lian, 2008: 425).

Değişim noktası modelleri zamanla değişir ve bu etkileri tahmin etmek için de kullanılabilir. Rassal yürüyüşün aksine, sabit korelasyon yapısını varsaydığımızda, değişim noktası modelleri korelasyon yapısının zamanla değişmesine izin vermektedir (Ferreira vd., 2002: 235). Değişim noktasının bir diğer avantajı, korelasyon yapısı önceden tahmin edilebilmektedir.

Y = (Y1, . . . , Yn) değişkenleri aşağıdaki modelde dikkate alınacaktır.

$$Y_t \approx P_0(\lambda_t X_t), \qquad t = 1,.........,n$$

Xt pozitif kovaryans değerine sahip olup $\lambda = \lambda_1,......,\lambda_n$ değişim noktası modeli bilinmeyen k değerini barındırmaktadır ($\theta^1 < ..... < \theta^k$). Kolaylık sağlamak için $\theta^0 = 0$, $\theta^{(K+1)} = n$ ve $\theta = \left(\theta^{(0)},.......,\theta^{(K+1)}\right)$ olarak ifade edilmektedir. λ parametresi aşağıdaki gibi tanımlanmaktadır.

$$\lambda_t = \lambda^{(k)}$$

$$t = \theta^{(k-1)} + 1,........,\theta^{(k)}$$

Şekil 2.1'de gösterildiği gibi, değişim noktası etkisinin tek bir değeri adım fonksiyonudur. Veri vektörleri $S^{(k)} = \left(Y_{\theta^{(K-1)+1}}, \ldots\ldots, Y_{\theta^{(k)}}\right)$, değişim noktaları arasındaki segmentler, segment oranları $\lambda^{(k)}$ ve segment ortalamalarıdır. Segmentlerin değişim noktaları koşuluna göre bağımsız olduğu varsayılır. Bir model seçimi probleminde bir değişim noktası modeli olduğunu tahmin etmek istediğimizde, 2K+1 değişim noktası sayısı $\theta^{(1)}, \ldots\ldots, \theta^{(K)}$ ve $\lambda^{(1)}, \ldots\ldots, \lambda^{(K+1)}$ oranları gösterildiğinde parametre sayılarının bilinmediği varsayılır. Ancak, tek bir model ya da değişim noktası sayısı, genellikle model seçimi olarak yapıldığı gibi, tek ve farklı modelleri ve ya değişim noktası sayısının dağılımını elde edebiliriz. K tane değişim noktası için sonsal dağılım, değişim noktası θ oranı ise λ ile gösterilmektedir. Farklı basamak fonksiyonlarının karışımı olan marjinal sonsal dağılım oranı etkisidir.

k=1,.........,K+1'e kadar olduğu durumda, verinin Poisson dağılıma eşleniği olan, bağımsız gamma önsel dağılımı olduğu varsayılır.

$$\lambda^{k} \approx Gamma(\alpha, \beta) \qquad k = 1, \ldots\ldots\ldots, K+1$$

Değişim noktalarının sayısı için ve tekdüze önsel dağılım varsayıldığında,

$$P(K) = \frac{1}{n}, \quad \mathrm{K} = 0, 1, \ldots\ldots\ldots, \mathrm{n} - 1 \tag{2.1}$$

$$P(\theta|K) = \binom{n-1}{K}^{-1} \tag{2.2}$$

Belirli bir t konumunda bir değişiklik noktasının önceden belirlenen koşullu olasılık şartına göre değişim noktalarının sayısı;

$$P(t \in \theta | K) = \frac{K}{A-1} \qquad \text{t=1,..........,n} \qquad (2.3)$$

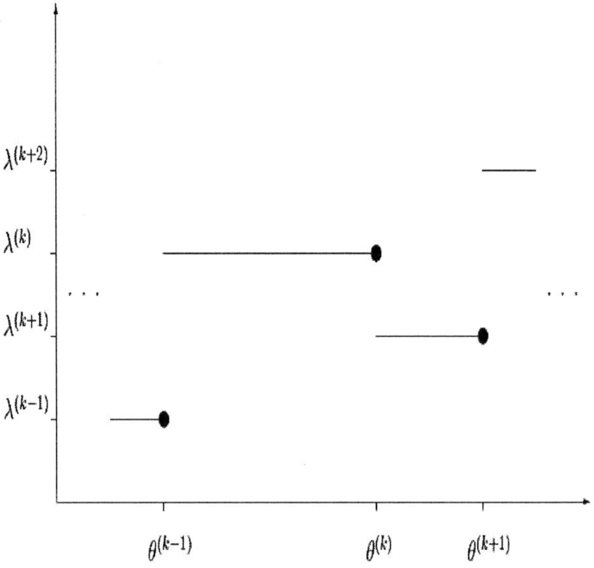

Şekil 2.1: Değişim noktası etkisinin yapısı

Koşulsuz önsel dağılım olduğu durumda ise;

$$P(t \in \theta) = \sum_{k=0}^{n-1} \frac{K}{n-1} \times \frac{1}{n} = \frac{1}{2}$$

(Held, H¨ohle & M. Hofmann 2005: 187–199).

2.1. Model Uzantıları

Model iki uzantıya sahiptir. İlki, λ^k 'nın önseli olan ikinci parametrede aşırı önsellerdir.

$$\beta \approx Gamma(a,b)$$

Önsel Gamma λ^k için Gamma için sonuçlanmıştır (Bernardo & Smith, 1994: 120). λ^k 'nın tahmin oranı daha güçlü tahminler vermektedir.

İkincisi, zamana bağlı olarak rassal etki olan ω_t ilave ederek, $t = 1,......,n$ 'e kadar ortalama değeri $\mu_t = \lambda_t X_t$ aşırı yayılım ortadan kaldırılmaktadır.

t=1,……,n

Gamma dağılımı için varsayılan rassal etki oran parametresi $\omega \approx Gamma(\omega,\omega)$ şeklinde ifade edilmektedir. $Y_t|\mu_t$ 'nin marjinal dağılımı, bütünleştirilmeyen ω_t değeri, negatif binom dağılımı ortalaması μ_t ve ayrık parametre $\psi, Z_t|\mu_t \approx N_b(\mu_t,\psi)$ varyansı $\sigma_t^2 = \mu_t(1-\mu_t/\psi)$ ifade edilir. ψ 'nın daha küçük değeri aşırı yayılımın daha yüksek bir miktarına karşılık gelir. $\psi \rightarrow \infty$ 'a giderken, varyans ortalamaya yaklaşır $\sigma_2^t \rightarrow \mu_t$ olduğunda Poisson durumuna dönmemiz gerekir. Şekli 2.2'de ψ 'nın farklı değerleri için ortalama μ_t ve standart sapma σ_t arasındaki ilişkiyi göstermektedir.

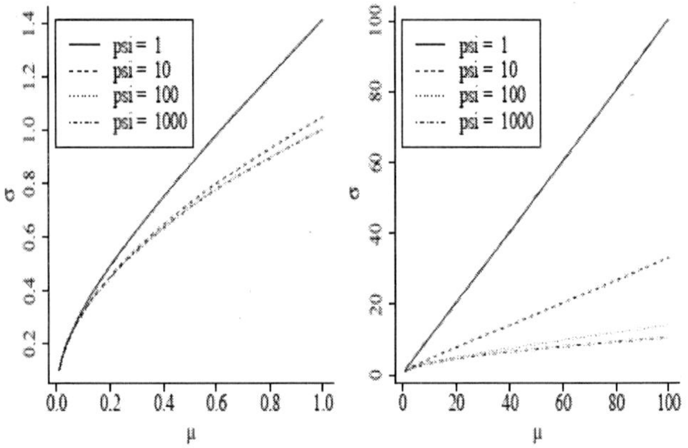

Şekil 2.2: ψ 'nın farklı değerleri için ortalama μ_t ve σ_t standart sapma arasındaki ilişki

2.2. Önsel Dağılım

Değişim noktasındaki koşullu önsel algoritma $P(r_t|r_{t-1})$ şeklinde ifade edilir. Bu algoritma kendi hesaplama verimliliğini sağlarken sadece iki sonuç da sıfırdan farklı kütleye sahip olduğu durumda çalışma uzunluğu büyümeye devam eder ve $r_t = r_{t-1} + 1$ veya değişim noktası $r_t = 0$ noktasında ortaya çıkar.

$$P(r_t|r_{t-1}) = \begin{cases} H(r_{t-1}+1) & \mathrm{r_t} = 0 \\ 1 - H(r_{t-1}+1) & r_t = r_{t-1}+1 \\ 0 & d.d. \end{cases}$$

$H(\tau)$ hazard fonksiyonunu tanımlamaktadır. Formülü ise aşağıdaki gibidir.

$$H(\tau)=\frac{P_0(g=\tau)}{\sum_{t=T}^{\infty} P_0(g=t)}$$

Özel bir durum olan $P_0(g)$ kesikli üstel dağılımlarda zaman ölçeği olan λ ile birlikte hazard fonksiyonu $H(\tau)=1/\lambda$'a eşittir. Geri dönüşümlü algoritmada sadece tekrarlanan ilişki değil, ayrıca başlangıç durumlarının da olması gerekir. Bu iki durum göz önüne alındığında: a) İlk veri noktasından önce değişim noktası önseli meydana gelmektedir. Bu gibi durumlarda başlangıç çalışma uzunluğunu sıfır olarak kabul etmekteyiz. b) Örneğin iklim değişikliğini modellediğimizde, bazı verilerin son alt kümesini gözlemliyoruz. Bu durumda önsel dağılım ilk çalışma uzunluğu boyunca normalleştirilmiş yaşam fonksiyonudur (Adams R.P. & MacKay D.J.C., 2007: 3).

$$P(r_0=r)=\frac{1}{Z}S(\tau)$$

Z değeri normalleştirildiği durumda ise;

$$S(\tau)=\sum_{t=r+1}^{\infty} P_0(g=t)\text{'dir.}$$

2.3. Sonsal Dağılım

Sonsal dağılım aşağıdaki gibi modellenmektedir:

$$P(\lambda,\theta,K|Y)=\frac{P(Y|\lambda)P(\lambda|\theta)P(\theta|K)P(K)}{P(Y)}$$

λ ,bir eşlenik önsel kademeli oran için kullanılıyorsa, değişim noktasına göre veri durumunun analitik açıklamasını ele almak mümkündür. $P(Y|\theta,K)$ koşulu altında verilerin ortak dağılımı ve değişim noktası şartına bağlı olarak marjinalleştirildiğinde; kademeli oranlara bağlı olarak $P(Y,\lambda|\theta,K)=P(Y|\lambda)P(\lambda|\theta,K)$ eşitliği ortaya çıkmaktadır.

Aşağıdaki ifadeye göre;

$$P(Y|\theta,K)=\int P(Y,\lambda|\theta,K)d\lambda=\prod_{k=1}^{K+1}\frac{\prod_{t=\theta^{(k-1)}+1}^{\theta(k)}(X_t)^{Y_T}\beta_\lambda^{\alpha\lambda}\Gamma(\alpha_{\lambda,k-1,k})}{\prod_{t=\theta^{(k-1)}+1}^{\theta(k)}Y_t!\Gamma(\alpha\lambda)(\beta_{\lambda,k-1,k})^{\alpha\lambda,k-1,k}} \quad (2.4)$$

$$\alpha_{\lambda,k-1,k}=\alpha_k+\sum_{t=\theta^{(k-1)}+1}^{\theta^{(k)}}Y_t$$

$$\beta_{\lambda,k-1,k}=\beta_\lambda+\sum_{t=\theta^{(k-1)}+1}^{\theta^k}X_t$$

$P(Y|\theta,K)$ dağılımında bölümlere ilişkin faktörlerin değişim noktası üzerinde λ fazla ortalama alma bağımsız koşuluna sahiptir.

2.4. Değişim Noktası Modelinin Markov Durum Uzayı Formu

Değişim noktası modeli Markov durum uzayı modeli olarak düşünülebilir. Öngörü dağılımının hesaplanması için özel bir avantaj taşımaktadır ve modelin sıralı bir güncelleştirmesi için izin vermektedir.

Kt değişim noktası sayısı t zamanı içinde değişim noktası sayısı olsun. K= Kn-1 ve $\theta_t=1$ olduğunda; eğer t zamanda değişim noktası ve aksi taktirde $\theta_t = 0$ olabilir. Ancak kolaylık olması açısından $\theta_0 = 1$ ve $\theta_n = 1$ olarak ele alınmaktadır. $P(\lambda|\theta)$ olasılık dağılımı aşağıdaki gibi ifade edilmektedir.

$$\lambda_t|(\theta_{t-1} = 0) = \lambda_{t-1} \quad (2.5)$$

$$\lambda_t|(\theta_{t-1} = 1) \approx Gamma(\alpha_\lambda, \beta_\lambda) \quad (2.6)$$

K_0=0 olduğunda, bu gösterim Yao (1984) teorisine benzemektedir. Aşağıdaki olasılıklar (2.1) ve (2.3)'deki olasılıklar daha önceden tanımlanmıştı.

$$P(K_t = 1) = \frac{1}{t+1} \quad (2.7)$$

$$P(Q_t = 1|K_t = l) = \frac{1}{t} \quad (2.8)$$

2.7'de gösterilen olasılık değeri 2.1'den türetilmiş olup eğer Kt 'nin önsel dağılımı t=1 olduğunda; ayrıca n aynı olduğunda K için önsel durumda zaman t+1 olmaktadır. $P(K_t = 1)$'in olasılığı n değerine bağlı değildir. Tekdüze dağılım için geçerli olmaktadır. Bu olasılıkları kullanarak hesaplama yapıldığında,

$$P(\theta_{t=1}|K_{t-1} = k) = \sum_{j=0}^{t} P(\theta_t = 1, K_t = j|K_{t-1} = k)$$

$$= P(\theta_t = 1, K_t = k+1|K_{t-1} = k)$$

$$= \frac{P(\theta_t = 1, K_t = k+1, K_{t-1} = k)}{P(K_{t-1} = k)} \quad (2.9)$$

$$= \frac{P(\theta_t = 1, K_t = k+1,)}{P(K_{t-1} = k)}$$

Modeli daha sonra aşağıdaki markov modeli temsil etmektedir. Parametre vektörü tanımlandığında t zamanda $x_t = (X_t, \theta_{t-1}, K_{t-1})$ aşağıdaki eşitlik görülmektedir.

$$P(x_t | x_{1:t}) = P(\lambda_t, \theta_{t-1}, K_{t-1} | \lambda_{1:(t-1)}, \theta_{1:(t-2)}, K_{1:(t-2)})$$

$$= P(\lambda_t, \theta_{t-1}, K_{t-1} | \lambda_{t-1}, \theta_{t-2}, K_{t-2})$$

$$= P(x_t | x_{t-1})$$

2.5. Değişim Noktasının Markov Yapısı

Değişim noktası önsel markov zinciri kurmakta, $P(\theta^{(k+1)} = s | \theta^{(k)} = t, \theta^{(1:k-1)}) = P(\theta^{(k+1)} = s | \theta^{(k)} = t)$, sonlu durum alanı ile $\{0, \ldots\ldots\ldots, n-1\}$ olarak tanım aralığı oluşturulmaktadır. 2.11'deki eşitlikten yola çıkarak aşağıdaki eşitlikler elde edilir.

$$P(\theta^{(k+1)} = s | \theta^{(k)} = t) = \frac{k+1}{s+1}, s = t+1, \tag{2.12}$$

$$P(\theta^{(k+1)} = s | \theta^{(k)} = t) = \prod_{i=t+1}^{s-1} \left(1 - \frac{k+1}{i+1}\right) \frac{k+1}{s+1}$$

$$= \prod_{i=t-1}^{s-1} \left(\frac{i-k}{i+1}\right) \frac{k+1}{s+1}, \qquad s > t+1$$

Önceden belirtildiği gibi, segmentler $S^{(k)}$, k=1,……….,K+1 verilen değişim noktalarından bağımsız, dağılım koşulları için değişim noktası üzerinde uygulanmaktadır.

$$P(S^{(k)} | \theta) = P(S^{(k)} | \theta^{(k-1)}, \theta^{(k)})$$

Veri modeli ve marjinal değişim noktası segment aracılığıyla şekil 2.5 tarafından temsil edilmektedir.

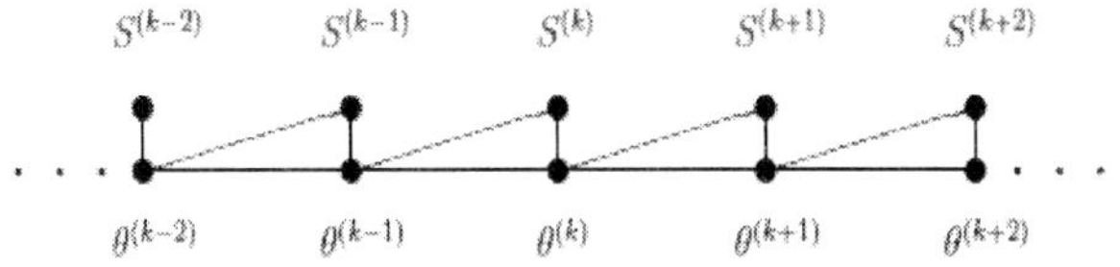

Şekil 2.3: Segment ortalamaları aracılığıyla marjinal değişim noktası modelinin grafik modelidir. Daireler düğümleri temsil ederken, düğümler arasındaki çizgiler yönsüz bağlantıları temsil etmektedir.

2.6. Değişim Noktası Modelinin Tahmini

Değişim noktası modelinin tahmini için üç yol vardır: tersinir atlama algoritması, partikül filtresi, ileri-geri algoritmasıdır.

2.6.1. Tersinir Atlama Algoritması MCMC Yaklaşımı

Öncelikle yeni bir boyut önererek ayrıştırılmış öneri kullanılmış olup, önerilen $q(K^*|K)$ yeni değişim noktası sayısı olan K^*, önerilen $q(\lambda^*|\theta^*)q(\theta^*|\theta, K^*)$ ve yeni parametre vektörü (λ^*, θ^*), değişim noktası yeri için öneriyle ayrışan θ^*, bu mevcut konumu ve değişim noktası önerilen sayısına bağlı olan $q(\theta^*|\theta, K^*)$ ve önerilen segment oranları λ^*, $q(\lambda^*|\theta^*)$ önerilen değişim noktası yerlerine bağlı olmaktadır. Değişim noktası sayısı için rassal yürüyüş yöntemi kullanılmakta, ayrıştırıldığında ise, $K^* = K + 1$ 0.5 olasılıkla önerildiğinde veya birleştirildiğinde $K^* = K - 1$ önerilmektedir. Eğer K=0 ise ayrılma önerilmekte ve eğer ise birleşme daima önerilmektedir.

Ayrışmada, seçilen homojen değişim noktası eklenir. Birleşmede ise homojen değişim noktası çıkarılmaktadır.

Segment oranının tüm koşullar altında $P(\lambda^k|\theta, K, Y)$ olasılığı Gamma dağılımına sahip olup, öneri dağılımı olarak kullanılmaktadır. Segment oranları mevcut duruma bağlı olmamakla birlikte, ortaya çıkabilecek zorlukları önlemek için yeterli ve şu anki duruma bağlı olup öneriye izin vererek ortaya çıkmaktadır.

Kabul olasılığı $\alpha((\lambda, \theta, K), (\lambda^*, \theta^*, K^*))$ ile gösterildikten sonra,

$$\min\left(1, \frac{P(Y|\lambda^*)P(\lambda^*|\theta^*)P(\theta^*|K^*)P(K^*)q(\lambda^*|\theta^*)q(\theta^*|K^*)q(K^*|K)}{P(Y|\lambda)P(\lambda|\theta)P(\theta|K)P(K)q(\lambda|\theta)q(\theta|\theta^*, K)q(K|K^*)}\right)$$

Tüm koşullar altında λ aşağıdaki gibi ifade edilir.

$$.\ P(\lambda|\theta, K, Y) = \frac{P(Y|\lambda)P(\lambda|\theta)}{P(Y|\theta, K)}$$

Kabul olasılığında yerine konulan (Holmes & Mallick,2000) tarafından önerildiği gibi,

$$\alpha((\lambda, \theta, K), (\lambda^*, \theta^*, K^*)) =$$

$$\min\left(1, \frac{P(Y|\theta^*, K^*)P(\theta^*|K^*)P(K^*)q(\theta^*|\theta, K^*)q(K^*|K)}{P(Y|\theta, K)P(\theta|K)P(K)q(\theta|\theta^*, K)q(K|K^*)}\right)$$

Kabul olasılığı λ oranından bağımsız değildir. $P(Y|\theta, K)$'nın olasılığı 3.4'te verilmiştir. Değişim noktası sayısının önsel oranı ve önsel oran ve öneri oranı değişim noktasını 1'e indirmektedir. Değişim noktası sayısının öneri oranı olan c değeri aşağıdaki gibi hesaplanmaktadır.

$$c = \begin{cases} 0{,}5 \text{ için} & k = 0 \\ 1 \text{ için} & 2 \leq k \leq n-3 \\ 2 \text{ için} & (k = 1, k^* = 0) \text{ ve } \mathrm{k = n - 2, k^*} = n-1 \end{cases}$$

$$\min\left(1, \frac{c\beta^{\alpha}\Gamma(\alpha_{\lambda,m-1,m})\Gamma(\alpha_{\lambda,m,m+1})(\beta_{m-1,m+1})^{\alpha_{\lambda,m-1,m+1}}}{\Gamma(\alpha)\Gamma(\alpha_{\lambda,m-1,m+1})(\beta_{\lambda,m-1,m})^{\alpha_{\lambda,m-1,m}}(\beta_{\lambda,m,m+1})^{\alpha_{\lambda,m,m+1}}}\right)$$

Eğer değişim noktası olan m kaldırılırsa, ikinci aşamada en küçük fonksiyon tersiyle değiştirilmelidir. Kabul olasılıkları segment ortalamalarına bağlı olmadığı için $\lambda^{(k)}$ $\mathrm{k} = 1,\ldots\ldots.,\mathrm{K}+1$, değişim noktası modelinin güncellenmesi iki aşamaya ayrılmaktadır. 3.14'de ilk değişim noktaları kabul olasılık ile tersine çevrilebilir bir atlama algoritması kullanılarak güncellenir. Parametreler $\lambda^{(k)}$ $\mathrm{k} = 1,\ldots\ldots.,\mathrm{K}+1$ Gibbs adımına güncellenir. Tüm koşullar altında $\lambda^{(k)}$ $\mathrm{k} = 1,\ldots\ldots.,\mathrm{K}+1$ aşağıdaki gibi tanımlanır.

$$\lambda^{(k)}\Big|\ldots\ldots \approx Gamma(\alpha_{\lambda,k-1,k}\beta_{\lambda,k-1,k})$$

2.6.1.1. Öngörü Dağılımı

Markov yapısına göre değişim noktası modeli öngörü dağılımına uygun olduğunda $P(\lambda_{t+1}\theta_t|Y_t)$örneklem ile her bir iterasyon öngörü dağlımı koşulunda parametrelerin örneklemi $P(\lambda_{t+1}\theta_t | Y_{1:t}, \lambda_t, K_{t-1}) = P(\lambda_{t+1} | \theta_t, \lambda_t) P(\theta_t | K_{t-1})$ eşitliği 2.11, 2.5 ve 2.6'dan elde edilmiştir.

$$P(\theta_{t=1} | K_{t-1} = k) = \frac{k+1}{t+1} \quad (2.15)$$

$$\lambda_{t+1} | \theta_t = 0, \quad \lambda_t = \lambda_t, \quad (2.16)$$

$$\lambda_{t+1} | \theta_t = 1, \lambda_t \approx Gamma(\alpha_\lambda, \beta_\lambda) \quad (2.17)$$

Bu durum λ_t ve K_{t-1} üzerinde $P(\lambda_{t-1}, \theta_t | Y_{1:t}, \lambda_t, K_{t-1})$ ortalama almaya karşılık gelmektedir.

2.6.1.2. Model Uzantıları

Bu bölümün başında değişim noktası modeli için düşünülen iki model uzantısı kolayca MCMC algoritması içinde ele alınabilir. Hiperparametre β tüm koşullar altında aşağıdaki gibi tanımlanır.

$$\beta \Big| .... \approx Gamma\left(a + K + 1, b + \sum_{k=1}^{K+1} \lambda^{(k)}\right) \quad (2.18)$$

Ayrıca aşırı yayılım rastgele etkileri

$$\omega_t | ... Gamma(\psi + Y_t, \psi + \lambda_t X_t) \quad (2.19)$$

Tüm koşullar altında dağılım bilinmediğinden, ψ için Metropolis-Hastings aşaması oluşturulur. $\psi > 0$ olduğunda, $\psi = \tilde{\log}(\psi)$ güncellemek için basit Metropolis-Hastings Gauss rassal yürüyüş önerisi ortaya konulmaktadır. Tüm koşullar altında değeri aşağıdaki eşitlikteki gibi görülmektedir.

$$p(\psi|.....)\propto p(\psi)\prod_{t=1}^{n} p(\omega_t|\psi)$$

Tüm koşullara uyan $\tilde{\tilde{\psi}}$ değişken bir değişiklik yoluyla elde edilebilir. Rassal yürüyüş önerisi varyansı %30 ve % 50 arasında uygun bir kabul oranı elde etmek amacıyla algoritma dahilinde otomatik olarak ayarlanmaktadır (Gelman vd., 1996: 604).

Değişim noktaları basit durumlarda aynı şekilde güncellenebilir. Fakat

$$\alpha_{\lambda,k-1,k} = \alpha_\lambda + \sum_{t=\theta^{(k-1)}+1}^{\theta^{(k)}} Y_t$$

$$\beta_{\lambda,k-1,k} = \beta\lambda + \sum_{t=\theta^{(k-1)}+1}^{\theta^{(k)}} \omega_t X_t$$

Tersinir atlama algoritması diğer parametrelerin güncelleme ile karşılaştırıldığında çok hızlıdır. Bununla birlikte, adımların basit tasarımı nedeniyle, MCMC algoritması çok uzun ve çok yavaş çalışmaktadır. Bu nedenle değişim noktaları güncellenir ve 10 adımda yinelenmesi gerekmektedir.

2.6.2. Parçacık Filtresi

Eğer model, Markov durum uzayı modeli ise, parçacık filtresi zamanla modeli sıralı güncellemek için kullanılabilmektedir. En avantajlı yanı verileri sırasıyla gözlemlemektir. Her yeni bir gözlemde modeli tamamen tahmin etmek mümkün değildir. Bunun yerine, şimdiki zaman noktasına kadar tahmini son zaman noktasına kadar tahmin edilebilmektedir. Değişim noktası modeli algoritmasını kurularak, önem dağılımı ve Markov geçiş aşaması tanımlanmaktadır. Öngörü dağılımında (2.15-2.17) önem dağılımı gibi modelin markov durum uzayı formu (2.4) kullanılarak, t>1 için önem ağırlıkları aşağıdaki gibi gösterilmektedir.

$$\overset{\approx}{\omega}\left(x_{1:t}^{(i)}\right)=\frac{P\left(Y_t\left|x_t^{(i)}\right.\right)P\left(x_t^{(i)}\left|x_{t-1}^{(i)}\right.\right)}{q\left(x_t^{(i)}\left|x_{1:t-1}^{(i)},Y_{1:t}\right.\right)}$$

$$=\frac{P\left(Y_t\left|\lambda_t^{(i)}\right.\right)P\left(\lambda_i^{(t)}\left|\theta_{t-1}^{(i)},\lambda_{t-1}^{(i)}\right.\right)P\left(\theta_{t-1}^{(i)}\left|K_{t-2}^{(i)}\right.\right)}{P\left(\lambda_t^{(i)}\left|\theta_{t-1}^{(i)},\lambda_{t-1}^{(i)}\right.\right)P\left(\theta_{t-1}^{(i)}\left|K_{t-2}^{(i)}\right.\right)}$$

$$=P\left(Y_t\left|\lambda_t^{(i)}\right.\right)$$

t=1 için önsel dağılım öneri dağılımı olarak kullanılabilir. Bu durumda t>1 olduğunda aynı önem ağırlıklarına sahip olur.

$$\overset{\approx}{\omega}\left(x_1^{(i)}\right)=\frac{P\left(Y_1\left|x_1^{(i)}\right.\right)P\left(x_1^{(i)}\right)}{q\left(x_1^{(i)}Y_1\right)}$$

$$=\frac{P\left(Y_1\left|\lambda_1^{(i)}\right.\right)P\left(x_1^{(i)}\right)}{P\left(\lambda_1^{(i)}\right)}$$

$$=P\left(Y_1\left|\lambda_1^{(i)}\right.\right)$$

2.6.2.1. Model Uzantıları

Aşırı yayılımın düzeltilmesi ve hiperparametrenin dahil edilmesiyle, zaman sabiti parametreleri β ve ψ modele tanıtılmaktadır. Ancak, güncellenen zaman sabiti parametreleri, güncellenen parçacık filtrelerini kullanarak güçlüklere neden olmaktadır. Andrieu vd. (2001) tarafından önerilen algoritma zaman sabiti parametreleri zamanla değişen parametreler ile ikame edilebilir diye söylemişlerdir. Bununla birlikte örneklem sayısı zamanla katlanarak artmaktadır (Crisan & Doucet, 2002: 740).

Bu tür problemlerden kaçınmak için alternatif olarak zaman sabiti parametreleri çözülebilir. İlk olarak, MCMC algoritması $n_{mcmc}+1$'ye kadar çalıştırılır. Zaman sabiti parametrelerinin nokta tahmini yani sonsal ortalamalar böylece tahmin edilir. $n_{mcmc}+1$'e kadar n modeliyle ardışık olarak tahmin edilmektedir.

Algoritma değiştirildiğinde ise; veri için poisson dağılımı $P\left(Y_t \middle| \lambda_t^{(i)}\right)$ önem aşamasında kullanılan bir negatif binom dağılımı ile değiştirilir. Bu rassal etkilerin güncellemesini ω_t aşamasında önler. Markov geçiş basamağında, değişim noktası için tersine çevrilebilir atlama adımı kullanmasına izin verdiği için rassal etkiler güncellenmektedir.

2.6.3. İleri- Geri Algoritma

Değişim noktasının Markov yapısına bağlı olarak, ileri-geri algoritması nedeniyle değişim noktası sonsal dağılımını tahmin etmek için kullanılır. Bütün modeli güncellemek için tersine atlama noktalarının güncellenen değişim noktalarının MCMC algoritması ileri-geri algoritma kullanılarak değişim noktası önselinden bir kez örnekleme ile değiştirilebilir. İleri-geri algoritma önselden doğrudan örneklem sağladığı için, ortaya çıkan algoritma bütün modelin sonsalından bağımsız örneklem vererek, basit bir Monte Carlo algoritması ortaya çıkmaktadır. İleri adım sadece bir kez hesaplandığı için, algoritmayı hesaplamak kolaydır.

2.6.3.1. İleri Aşama

Değişim noktası güncellemesi için t=1'den başlarken bunun yerine t=n'de son bularak algoritma başlayacaktır. k=1,......,n-1 ve t=k+1,.....,n için dağılımı hesaplanacaktır. Olasılıklar daha önceden bilindiğinden; segmentlerin olasılıkları $S^{(k)} = \left(Y_{\theta^{(k-1)}+1},....,Y_{\theta^{(k)}}\right)$, k=1,......,k+1 3.4'de verilen değişim noktası aşağıdaki gibi formülize edilmektedir.

$$P\left(S^{(k)}\middle|\theta^{(k-1)}\theta^{k}\right)=\frac{\prod_{t=\theta^{(k-1)}+1}^{\theta^{(k)}}\left(X_t\right)^{Y_t}\beta_\lambda^{\alpha_\lambda}\Gamma\left(\alpha_{\lambda,k-1,k}\right)}{\prod_{t=\theta^{(k-1)}+1}^{\theta^{(k)}}Y_t!\Gamma\left(\alpha_\lambda\right)\left(\beta_{\lambda,k-1,k}\right)^{\alpha_{\lambda,k-1,k}}} \quad (2.20)$$

$$\alpha_{\lambda,k-1,k} = \alpha_\lambda + \sum_{t=\theta^{(k-1)}+1}^{\theta^{(k)}} Y_t$$

$$\beta_{\lambda,k-1,k} = \beta_\lambda + \sum_{t=\theta^{(k-1)}+1}^{\theta^{(k)}} X_t$$

Değişim noktasının önsel olasılıkları (2.20) ve (2.13)'den gidilerek aşağıdaki formüller elde edilir.

$$P\left(\theta^{(k+1)} = s\middle|\theta^{(k)} = t\right)=\frac{k+1}{s+1} \qquad s = t+1,$$

$$P\left(\theta^{(k+1)} = s\middle|\theta^{(k)} = t\right)=\prod_{i=1}^{s-t-1}\left(\frac{t+i-k}{t+1+i}\right)\frac{k+1}{s+1} \qquad s > t+1$$

$$P\left(\theta^{(k+1)} = n\middle|\theta^{(k)} = t\right)=\prod_{i=1}^{n-t-1}\left(\frac{t+i-k}{t+1+i}\right)$$

İstenilen olasılıklar sırasıyla hesaplanır.

$$P\left(Y_{t_n},\theta^{(k+1)}=s\middle|\theta^{(k)}=t-1\right)=P\left(Y_{t_n}\middle|\ \theta^{(k+1)}=s,\theta^{(k)}=t-1\right)P\left(\theta^{(k+1)}=s\middle|\theta^{k}=t-1\right)$$

$$=P\left(S^{k}\middle|\theta^{(k+1)}=s,\theta^{(k)}=t-1\right)P\left(Y_{s+1:n}\middle|\theta^{(k+1)}=s\right).P\left(\theta^{(k+1)}=s\middle|\theta^{(k)}=t-1\right)$$

$$P\left(Y_{n:n}\middle|\theta^{(n-1)}=n-1\right)=P\left(S^{(K+1)}\middle|\theta^{(n-1)}=n-1,\theta^{n}=n\right)$$

Olasılık bilindiğinde

$$P\left(Y_{n:n}\middle|\theta^{(n-1)}=n-1\right)=P\left(S^{(K+1)}\middle|\theta^{(n-1)}=n-1,\theta^{n}=n\right),$$

sonra $\theta^{(k+1)}$ ile marjinalleştiğinde aşağıdaki eşitlikler ortaya çıkmaktadır.

$$P\left(Y_{t:n}\middle|\theta^{(k)}=t-1\right)=\sum_{s=t}^{n-1}P\left(S^{(k)}\middle|\theta^{(k+1)}=s,\theta^{(k)}=t-1\right)P\left(Y_{s+1:n}\middle|\theta^{(k+1)}=s\right).P\left(\theta^{(k+1)}=s\middle|\theta^{(k)}=t-1\right)$$

k=n-1,…..,1 ve t=n,…..,k+1 için eşitlik geçerlidir. Marjinal olabilirlik $P\left(Y_{1:n}\middle|\theta^{(0)}=0\right)$ tarafından verilmektedir.

2.6.3.2. Geri Aşama

Aşağıdaki olasılıkları kullanarak geri aşama hesaplanır.

$$P\left(\theta^{(k+1)}=s\middle|\theta^{(k)}=t-1,Y_{1:n}\right)$$

$$=P\left(\theta^{(k+1)}=s\middle|\theta^{(k)}=t-1,Y_{t:n}\right)$$

$$=\frac{P\left(\theta^{(k+1)}=s,Y_{t:n}\middle|\theta^{(k)}=t-1\right)}{P\left(Y_{t:n}\middle|\theta^{k}=t-1\right)}$$

$$=\frac{P\left(Y_{t:n}\middle|\theta^{(k+1)}=s,\theta^{(k)}=t-1\right)P\left(\theta^{(k+1)}=s\middle|\theta^{(k)}=t-1\right)}{P\left(Y_{t:n}\middle|\theta^{(k)}=t-1\right)}$$

$$= \frac{P\left(Y_{t:s} \middle| \theta^{(k+1)} = s, \theta^{(k)} = t-1\right) P\left(Y_{s+1:n} \middle| \theta^{(k+1)} = s\right) P\left(\theta^{(k+1)} = s \middle| \theta^{k} = t-1\right)}{P\left(Y_{1:n} \middle| \theta^{(k)} = t-1\right)}$$

Değişim noktasının sonsal dağılımı aşağıdaki gibi modellenebilmektedir.

- Carpenter vd. (1999)'ne göre ilk değişim noktası örneklemi $P\left(\theta_1 = t \middle| Y_{1:n}\right)$ olasığından gidilerek etkili bir algoritma kullanarak modelleme yapılabilir.
- Eğer k'nıncı değişim noktası t-1 zamanda ise, bir sonraki değişim noktası örneklemi olan k+1 $P\left(\theta^{(k+1)} = s \middle| \theta^{(k)} = t-1, Y_{1:n}\right)$ olasılığından ortaya çıkmaktadır.

Fearnhead (2006) tarafından sunulan algoritmalar benzer algoritmalardır. Bununla birlikte, Fearnhead (2006)'ın algoritmasına karşın değişim noktası simülasyonuna tekrarlama olmadan değişim noktası sayısına karar verilebilir. Algoritmanın hesaplama karmaşıklığını ortadan kaldırmak için Fearnhead (2006) tarafından ileri aşama l+1'de marjinalleşme toplamları 10^{-20}'den daha az olduğunda ortadan kalkmaktadır.

$$\frac{P\left(S^{(k)} \middle| \theta^{(k-1)}, \theta^{(k)}\right) P\left(Y_{l+1:n} \middle| \theta^{(k+1)} = l\right) P\left(\theta^{(k+1)} = l \middle| \theta^{(k)} = t-1\right)}{\sum_{s=t} P\left(S^{(k)} \middle| \theta^{(k-1)}, \theta^{(k)}\right) P\left(Y_{s+1:n} \middle| \theta^{(k+1)} = s\right) P\left(\theta^{(k+1)} = s \middle| \theta^{(k)} = t-1\right)}$$

Eğer değişim noktası sayısı gözlem süresi olan n ile orantılı ise, bu durum $O(n^2)$'nin hesaplama maliyetini düşürürken, toplam uzunluğu n ile artmamaktadır. Şekil 2.4'de ileri-geri algoritma tarafından değişim noktasının 10 bağımsız örneklem tarafından örneklendiğini göstermektedir.

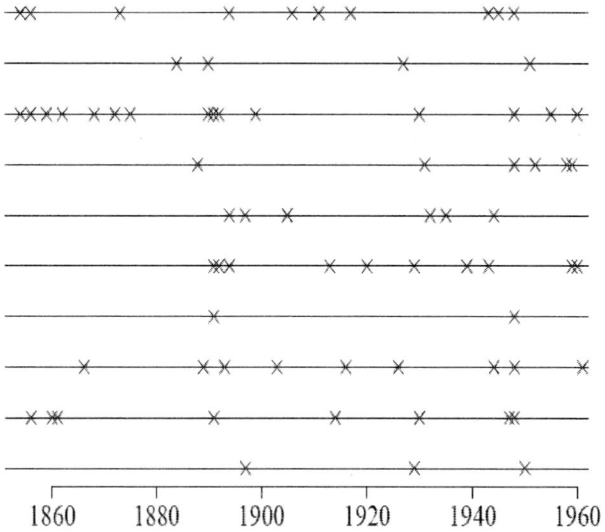

Şekil 2.4: Değişim noktasının 10 bağımsız örneklemi

2.6.3.3. Model Uzantıları

Model uzantıları ileri-geri algoritmada direkt olarak uygulanabilir olmaması durumunda, değişim noktası problemi t=1,....,n’e kadar hiperparametre olan β ve rassal etkiler ’ye bağlıdır. Bunun sonucunda algoritma MCMC içine dahil edilebilmektedir. Değişim noktası hiperparametre olan β ve rassal etkiler ω_t ’ye bağlı olarak tüm koşullar altında örneklenir. Bu durum değişim noktası modelinin Gibbs adımında güncel olduğu anlamına gelmektedir. İleri aşama her adımda çalışmak zorunda olduğundan, ileri-geri algoritma tarafından güncellenen değişim noktası, tersinir atlama algoritmasından daha çok zaman almaktadır. Ancak ileri-geri algoritma MCMC için daha uygulanabilir olmakla birlikte, markov zinciri kısa çalışmaktadır.

2.7. Poisson Sürecinde Değişim Noktası Analizi

Raftery & Akman (1996)'da değişim noktasını sürekli olarak varsayarak, Bayesyen Yaklaşımla poisson sürecinde değişim noktasını nasıl uygulanacağını ortaya koymuşlardır. Carlin, Gelfand ve Smith (1992) yaptıkları çalışmada hiyerarşik Bayesyen değişim noktası model yaklaşımını açıklamışlardır. Özellikle istenilen sonsal dağılımları, Gibbs örneklemini kullanarak elde etmektir. Yaptıkları çalışmada değişim noktası poisson sürecine Jarret (1979)'in yapmış olduğu çalışmadaki kömür madenciliği verilerini kullanarak analiz etmişlerdir. Raftery & Akman(1996)'da kömür madenciliği verilerini kullanmışlardır. Hendersen & Matthews (1993) Tyne ve Birmingham'daki ulusal bölgeden elde edilen verilerle iki dizili poisson değişim noktası analizi uygulamışlardır. Broemeling & Gregurich (1996) doğrudan yeniden örnekleme işlemi uygulayarak değişim noktası analizi için Bayesyen Yaklaşımı geliştirmişlerdir. Onlar bu tekniği Poisson süreci için tek bir değişim içeren örneklerle açıklamışlardır.

İlk olarak $x_1, x_2, \ldots\ldots, x_n$ dizisinde bilinmeyen nokta k ve tek bir kesikli değişime sahip olan Poisson modeli:

$$x_i \approx Poisson(\lambda_1) \quad \mathrm{i} = 1, \ldots\ldots, \mathrm{k}$$

$$x_i \approx Poisson(\lambda_2) \quad \mathrm{i} = k + 1, \ldots\ldots, \mathrm{n}.$$

En çok olabilirlik fonksiyonu ise;

$$L = (\lambda_1, \lambda_2, k | x) = \frac{1}{\prod_{i=1}^{n} x_i!} \lambda_1^{y_1} \lambda_2^{y_2} e^{-\lambda_1 k} e^{-(n-k)\lambda_2} \quad 1 \leq k \leq n-1 \qquad (2.21)$$

$$y_1 = \sum_{i=1}^{k} x_i \quad \text{ve} \quad y_2 = \sum_{i=k+1}^{k} x_i$$

λ_1, λ_2 ve k bağımsız önseller olup konjeguate forma sahip olduğunu varsayalım,

$$\pi(\lambda_1, \lambda_2 | \alpha, \beta) = \frac{\beta^{2\alpha}}{\Gamma^2(\alpha)} \lambda_1^{\alpha-1} \lambda_2^{\alpha-1} e^{-\beta(\lambda_1+\lambda_2)} \qquad (2.22)$$

k kesikli düzgün önsel olduğunda aşağıdaki eşitlik ortaya çıkmaktadır.

$$f(y_1, y_2 | k, \alpha, \beta) = \frac{\Gamma(\alpha + y_1)\Gamma(\alpha + y_2)}{(k+\beta)^{\alpha+y_1}(n-k+\beta)^{\alpha+y_2}} \qquad (2.23)$$

ve

$$\pi(k | y_1, y_2, \alpha, \beta) = \frac{f(y_1, y_2 | k, \alpha, \beta)}{\sum_{k=1}^{n-1} f(y_1, y_2 | k, \alpha, \beta)} \qquad (2.24)$$

$\alpha \to 0$ ve $\beta \to 0$'a giderken bilgi vermeyen önseller olarak gösterilirse, bunun sonucunda $\pi(k|y) \propto \Gamma(y_1)\Gamma(y_2) k^{-y_1} (n-k)^{-y_2}$ dönüşmektedir.

$\alpha \to \frac{1}{2}$ ve $\beta \to 0$ 'a giderse, Jeffreys önseli ortaya çıkmaktadır.

Dahası,

$$\lambda_i | y_i, k, \alpha, \beta \approx \Gamma(\alpha + y_i, k_i + \beta), \qquad k_2 = n - k \qquad (2.25)$$

$$\pi(\lambda_i | y, \alpha, \beta) = \sum_k \pi(\lambda_i | y_i, k, \alpha, \beta) \pi(k | y, \alpha, \beta), \qquad i = 1,2. \quad (2.26)$$

$\tau = \frac{\lambda_1}{\lambda_2}$ oranını kullanarak aşağıdaki eşitlik ortaya çıkmaktadır.

$$\pi(\tau|y,k,\alpha,\beta)\propto\left[1+\frac{k}{n-k-\beta}\tau\right]^{-(2\alpha+y)} \quad \tau^{\alpha+y-1}, \qquad (2.27)$$

Bunun sonucunda,

$$\frac{2(\alpha+y_2)k}{2(\alpha+y_1)(n-k+\beta)}\tau|y,k,F_{V_1,V_2} \qquad (2.28)$$

Yukarıdaki formüldeki $v_1=2(\alpha+y_1)$ ve $v_2=2(\alpha+y_2)$ göstermektedir.

k koşulsuz, sonsal dağılım içerdiğini varsayarsak;

$$.\pi(\tau|y)=\sum_k \pi(\tau|y,k,\alpha,\beta)\pi(k|y,\alpha,\beta) \qquad (2.29)$$

Yukarıdaki eşitliklerde tek bir değişim noktası için varsayımlar ortaya konulmuştur. Herhangi bir değişiklik olmadığı olasılığı göz önüne alındığında aşağıdaki eşitlik ortaya çıkmaktadır.

$$\pi(k)=\begin{cases} q & k=0 \\ \dfrac{1-q}{n-1} & k=1,.......,n-1 \end{cases} \qquad (2.30)$$

k=0 dizide değişiklik olmadığı, ve Mk k=0,1,2,.......,n-1'e kadar k gibi bir değişim noktasına sahip olan modeli gösterir. Olasılık tüm değişim noktası modelinde eşit olarak dağıldığında, q'nun önsel olasılığı modelde değişiklik olmadığı anlamına gelir. Eğer tek bir değişim noktası varsa, olasılıkları eşit q=0.5 olarak almamız gerekmektedir.

$$f(y|k=0,\alpha,\beta)=\frac{\beta^{\alpha}\Gamma(\alpha+y)}{\Gamma(\alpha)\prod_{i=1}^{n}x_i!(n+\beta)^{\alpha+y}} \qquad (2.31)$$

$y=\sum_{i=1}^{n} x_i$ olduğunda, sonsal olasılıkta bir değişiklik olmadığında aşağıdaki eşitlik meydana gelir.

$$\pi(k=0|y)=\frac{qf(y|k=n)}{\sum \frac{1-q}{n-1} f(y|k)+qf(y|k=n)}$$

$$=\left[1+\frac{1-q}{q(n-1)\sum_{k=1}^{n-1}\beta_{ko}}\right]^{-1} \qquad (2.32)$$

$$\pi(k|y)=B_{ko}\left[\frac{q(n-1)}{1-q}+\sum_{j=1}^{n-1}B_{jo}\right]^{-1}, \quad \mathrm{k}=1,2,\ldots\ldots,\mathrm{n}-1 \qquad (2.33)$$

$$B_{ko}=\frac{f(y_1,y_2|k,\alpha,\beta)}{f(y|k=0,\alpha,\beta)}=\frac{\beta^{\alpha}\Gamma(\alpha+y_1)\Gamma(\alpha+y_2)(n+\beta)^{\alpha+y}}{\Gamma(\alpha)(k+\beta)^{\alpha+y_1}(n-k+\beta)^{\alpha+y_2}\Gamma(\alpha+y)} \qquad (2.34)$$

M_k modeli M_0 modeliyle karşılaştırıldığında, Mk modeli Bayes faktörüdür.

2.7.1. Çoklu Değişim Noktası Analizi

Değişim noktası birden fazla olduğu zaman; sabit bilinen değişim noktası için, 2.22 ve 2.27 denklemleri genelleştirilerek çoklu değişim noktası analizinin temeli oluşturulur. $k=\{k_1,k_2,\ldots\ldots k_r\}$ değişim noktaları pozisyonları $k_1<k_2<\ldots\ldots\ldots<k_r$ olduğunda $\lambda_i \approx Gama(\alpha,\beta)$ olduğunda

i=1,2,........,r+1'e kadar bağımsız olarak varsayılmaktadır. k'nın tüm bölümler üzerinde eşit olarak dağıldığı varsayıldığında,

$$\pi(k)=\left[\binom{n-1}{r}\right]^{-1}$$

$$y_i = \sum_{j=k_{i-1}+1}^{k_i} x_j \qquad k_0 = 0 \qquad k_{r+1} = n$$

k'nın belirli bir bölüm altında marjinal olabilirliği, M_k modelinde,

$$f(y|k,\alpha,\beta)=\prod_{i=1}^{r+1}\frac{\Gamma(\alpha+y_i)}{(k_i+\beta)^{\alpha+y_i}} \qquad (2.35)$$

M_k ve M_s bayes faktörü modelleri karşılaştırıldığında aşağıdaki eşitlik kullanılmaktadır.

$$B_{ks}=\frac{f(y|k,\alpha,\beta)}{f(y|s,\alpha,\beta)}$$

Eğer $\alpha \to 0$ ve $\beta \to 0$ giderse,

$$\pi(k|y)\propto\prod_{i=1}^{i+1} k_i^{-y_i} \qquad (2.36)$$

Bütün i değerleri için $y_i>0$ olduğunda (2.36)'daki eşitliğe göre Jeffreys önseli $\alpha = 1/2$ olduğu kabul edildiğinde,

,

$$\lambda_i|y_i,k,\alpha,\beta \approx \Gamma(\alpha+y_i,k_i-k_{i-1}+\beta), \qquad i=1,2,......,r+1 \qquad (2.37)$$

Değişim noktası maksimum sayısı bilinmediği durumda, R'nin maksimum olduğu durumda r değişim noktasında uygun bölümlerin sayısını gösterdiğinde,

$$\pi(k|r) = hr^{-1} \text{ ve } \pi(r) = \frac{1}{R+1} \qquad , r=0,1,\ldots\ldots,R.$$

M_k^r modelinde B_{k0}^r bayes faktörü olarak tanımlandığında, r değişim noktaları ile modeli k'ya göre değişim noktasına sahip olmayan M_0 modeliyle karşılaştırıldığında aşağıdaki eşitlik ortaya çıkmaktadır.

$$\beta_{k0}^r = \frac{f(y|k,\alpha,\beta)}{f(y|r=0,\alpha,\beta)} = \frac{\beta^{r\alpha}(n+\beta)^{\alpha+y}}{\Gamma^r(\alpha)\Gamma(\alpha+y)} \prod_{i=1}^{r+1} \frac{\Gamma(\alpha+y_i)}{(k_i-k_{i-1}+\beta)^{\alpha+y_i}} \tag{2.38}$$

Değişim noktası sayısı r sonsal dağılım ile aşağıdaki eşitlikteki gibi gösterilmektedir.

$$P(r=0|y) = \frac{f(y|r=0)P(r=0)}{\sum_{j=0}^{R}\sum_{k} f(y|r=j,k)P(r=j,k)}$$

$$= \frac{\mathrm{f}(\mathrm{y}|\mathrm{r}=0)}{\sum_{j=0}^{R} h_j^{-1} \sum_{k} f(y|r=j,k)}$$

$$= \left[1 + \sum_{j=1}^{R} h_j^{-1} \sum_{k} B_{k0}^{j}\right]^{-1}$$

Ayrıca,

$$P(r=t|y) = \left[\frac{\sum_{j=0}^{R} h_j^{-1} \sum_{k} f(y|k,r=j)}{h_t^{-1}\sum_{k} f(y|k,r=t)}\right]^{-1}$$

$$= \mathrm{h}_t^{-1} \sum_{k} B_{ko}^{t} \left[\sum_{j=0}^{R} h_j^{-1} \sum_{k} B_{k0}^{j}\right]^{-1}$$

$$= h_t^{-1} \sum_k B_{k0}^t P(r = 0|y), \qquad t=1,2,.......,R.$$

2.7.2. Çoklu Değişim Noktasına Alternatif Yaklaşım

Chib (1998) çoklu değişim noktası modellerine yeni Bayesyen Yaklaşım önermiştir. Değişim noktası modeli çizilmiş belirli bir gözlem ile gelen rejimi gösteren gizli ayrık durum değişkeni açısından formüle edilmiştir. Bu durum değişkeni kısıtlı geçiş olasılıkları ile ayrık zamanlı ayrık durumlu olduğunda, durum değişkeninin şimdiki değeri veya yeni bir değer olması durumunda diğer bir değere geçiş yapabilir. Chib (1996)'in Markov zinciri Monte Carlo yöntemleri kullanılarak model tahmin edilir. Bu yaklaşım değişim noktası sayısı bilindiğinde, ancak hesaplama sonucunda örneklem büyüklüğü ve değişim noktası sayısı artmamaktadır. Değişim noktası sabit olduğunda uygun önsel gereklidir fakat belirsiz önsel etkisinin çok az olduğundan emin olmak gerekir. Chib yönteminin Poisson modelinde nasıl uygulandığı aşağıda açıklanacaktır.

r'yi değişim noktası olarak varsaydığımızda, her bir zaman periyodu için kesikli değişken s_t için, t zamanındaki sistemin durumu, x_t değişkeni $\{1,2,.....,r+1\}$ 'e kadar tamsayı değerleri almaktadır. $s_t = k$ olduğunda, $f(x_i|x_{i-1},\lambda_k)$ burada $X_{t-1} = \{x_1, x_2,.....,x_{t-1}\}$ ile gösterilmektedir. S_t değişkeninin Markov sürecindeki geçiş matrisi aşağıdaki gibidir:

$$P = \begin{bmatrix} p_{11} & p_{12} & 0 & \cdots & 0 \\ 0 & p_{22} & p_{23} & \cdots & 0 \\ \cdots & \cdots & \cdots & \cdots & \cdots \\ 0 & \cdots & 0 & p_{rr} & p_{r,r+1} \\ 0 & 0 & \cdots & 0 & 1 \end{bmatrix}$$

Zincir t=1'de başlar, t+1'de sona erer. Bu nedenle s_t değişkenini ya mevcut durumda bırakacağız ya da bir sonraki aşamaya taşımamız gerekmektedir. Geçiş durumlarında değişim noktalarının belirlenmesi $K_r = \{k_1, k_2, ..., k_r\}$ gerekmektedir.

Chernoff ve Zacks (1964) bu modeli genelleştirerek her bir zaman noktasındaki olasılıkların değişme ihtimalinin sürekli olduğunu öne sürmüşlerdir. Yao (1984) değişim noktası için aynı modeli belirtmiş ancak paramatrelerin ortak dağılımı $\{\theta_k\}$ değişim noktalarından bağımsız ve değiştirilebilir olduğunu ortaya koymuştur. Carlin ve arkadaşları (1992) tarafından parametreler için benzer değiştirilebilir modeller tek bir değişim noktası bağlamında, incelenmiş olup, Inclán & Tiao(1994) ise çoklu değişim noktasını incelemişlerdir.

Markov zinciri Monte Carlo Simülasyonu aşağıdaki gibi simüle edilerek bulunur:

$\{s_t\}$'nin Simülasyonu

$S^{t+1} = \{s_{t+1}, ..., s_n\}$ daha sonra simülasyon örnekleme oluşur. Bu da,

- s_{n-1} için $f(s_{n-1} | X_n, s_n = r+1, \Lambda, P)$
- s_{n-2} için $f(s_{n-2} | X_n, S^{n-1}, \Lambda, P)$

.

.

.

- s_2 için $f(s_2 | X_n, S^3, \Lambda, P)$

s_t=1 olduğunda Chib (1996) aşağıdaki eşitlikteki gibi göstermiştir.

$$f\left(s_t \mid X_n, S^{t+1}, \Lambda, P\right) \propto f\left(s_t \mid X_n, P\right) f\left(s_{t+1} \mid s_t, P\right),$$

s_{t+1} koşulunda s_t değişkeni sadece iki olası değer alabilir.

$$f\left(s_{t+1} \mid s_t = i, P\right) = \begin{cases} i & için \quad p_{ii} \\ i+1 & için \quad 1 - p_{ii} \end{cases}$$

ÜÇÜNCÜ BÖLÜM

UYGULAMA

3. TÜRKIYE'DEKI MADEN KAZASI VERILERIYLE DEĞIŞIM NOKTASI ANALIZININ UYGULAMASI

Çalışmanın bu bölümünde ikinci bölümde detaylı olarak anlatılan değişim noktası analizinin bir uygulaması yapılmıştır. Bu amaçla Türkiye'deki 1983 ve 2014 yılları arasında kömür madenlerinde meydana gelen kazaların yıllık olarak kayıtlı olan verilerle kazaların "oranının" değişimine bakarak, değişimin olduğu sene tahmin edilmeye çalışılmıştır. Böyle bir değişim anının neyi gösterdiği ortaya konulmuştur. Bu doğrultuda, değişim noktası analizinin nasıl yapıldığı, sonuçların nasıl yorumlandığını ve Bayes formüllerini hesaplamamızı sağlayan Markov Zinciri Monte Carlo Simülasyon tekniği kullanılmıştır. Kazaların sayısının tümünü iki Poisson dağılımının ortak dağılımı üzerinden modellenmiş ve bu dağılımların birinci Poisson'dan ikincisine geçtiği an hesaplanmıştır. R paket programı yardımıyla yıllar itibariyle meydana gelen değişimlerin değişim noktası analizi yapılmıştır. Çalışmanın bulgularına geçilmeden önce; Türkiye'deki maden kazalarıyla ilgili bilgi verilmiştir.

3.1. Türkiye'de Maden Kazaları

Madencilik, geçmişten günümüze kadar süregelen en temel sektörlerden biri olmuştur. Modern yaşamı desteklemesinin yanı sıra dünyanın en eski ve en önemli sektörlerinden birisi madencilik sektörüdür. Çalışılan ortamda çok fazla risk ve tehlike olması ve bunların hepsinin önlenmesinin kolay olmamasından dolayı da dünyanın en riskli meslekleri arasındadır (Bilim & Dursun, 2015: 2). Ülkemizdeki iş kazalarına sektörel bazda bakıldığında %10,44'le iş kazalarının en fazla madencilik ve taş ocakçılığı sektöründe olduğu görülmektedir (TÜİK, 2013). 1941 yılından beri 3 binden fazla kişi maden kazalarında hayatını kaybetmiş, 100 binden fazla insan ise yaralanmıştır. Maden kazalarının en büyük sebepleri; göçük, grizu patlaması ve yangınlardır. Sadece kömür sektöründe, 1991-2008 döneminde iş kazaları ve meslek hastalığı nedeniyle toplam 2554 kişi hayatını kaybederken, sürekli iş göremez hale gelenlerin sayısı ise 13087'e ulaşmıştır (SGK İstatistikleri). Kazaların en çok görüldüğü il Zonguldak olmuştur. 13 Mayıs 2014 tarihinde Türkiye'nin en büyük maden kazası Manisa'nın Soma ilçesinde meydana gelmiş ve 301 kişi hayatını kaybetmiştir. Dünya ülkeleri arasında Türkiye "ölümlü maden kazaları sıralamasında" ilk sırada yer almaktadır. Dünya'nın diğer ülkelerinde maden kazaları nicelik ve nitelik olarak azalırken, Türkiye'de bu durum giderek artmaktadır. Sorunun bir diğer üzücü boyutu olaylar sonucu meydana gelen sakatlanmalar ve meslek hastalıklarına ilişkindir. "En başta yaşama hakkı olmak üzere iş sağlığı ve güvenliği hakkına açıkça aykırı düşen bu acı olayların ve gelişmelerin, "madenciliğin doğası/ riski" ya da "kaçınılmazlık" kavramları ile açıklanabilmesine olanak yoktur" (Soma Maden Faciası Raporu, 2014: 145).

"Kazaların başlıca nedenlerinin alt yapı ve teknoloji ile ilgili önlenebilir sorunlardan kaynaklanması, denetim ve yaptırımların tekrar gözden geçirilmesi gerekliliğini ortaya koymaktadır. Kazalar sonucu yaşanan kayıplar ile birlikte ekonomik boyutun da incelenmesi ve konu ile ilgili yapılan çalışmalar da dikkate alınarak bu tür kayıpların önlenmesi için bir madencilik sektörü stratejisi belirlenmesi gereklidir." (TEPAV Raporu, 2010: 6).

Madencilik sektörünün diğer sektörlere göre yüksek riskli olması, meydana gelen kazaların önünün alınamayacağı ya da en azından zararların minimize edilemeyeceği anlamına gelmemektedir. Olayların seyri Türkiye'de madenlerin ve maden politikalarının yeniden yapılandırılmasını gerekli kılmaktadır. Ancak özellikle maden politikalarından kaynaklanan nedenlerle bu gerekliliğe uygun davranılmadığı gibi; günümüzdeki özelleştirme uygulamaları ile olsun, işletme hataları ile olsun facialara adeta davetiye çıkarılmaktadır. Olgular, faciaların neden olduğu mağduriyetlerin azalacağı konusunda iyimserlik aşılamaktan uzaktır (Türkiye Barolar Birliği Maden Faciası Raporu, 2014: 24).

"Kömür madenciliği tehlike tahminleri, acil sistemlerin yönetimi açısından insan yaşamında çok önemlidir. Afet özelliklerinin tanımlanması durumunda, bu tahminler önemli rol oynamaktadır. Bu özellikler kazaların frekans dağılımı ve diğer felaketlerin büyüklüğü dağılımıdır. Her bir istatistiksel dağılımı açıklayan gerçek parametreler vardır" (Çalışma ve Sosyal Güvenlik Bakanlığı, KOBİ`ler için İş Sağlığı ve Güvenliği Yönetim Rehberi – Maden Sektörü, 2011: 44).

Yapacağımız uygulamada, tek bir değişim noktası için poisson süreci incelenecektir. Poisson sürecinin seçilmesinin amacı, maden kazalarını belirli bir zaman içinde meydana gelmektedir. Analizde, λ_1, λ_2 *ve* τ tahminleri elde edilecektir. Simülasyon sonucunda Türkiye'nin maden kazaları verilerinden yararlanarak tahminler ortaya konulacaktır.

3.2. Poisson Değişim Noktası Modeli

Türkiye'nin 1983 ile 2014 yılları arasında meydana gelen maden kazalarının değişim noktası analizi yapılacaktır. Kömür verilerinde, meydana gelen afetlerin yılları ve o yılda meydana gelen kazaların sayısı gösterilmektedir.

R programına ait kod sayfası EK-1'de verilmiştir.

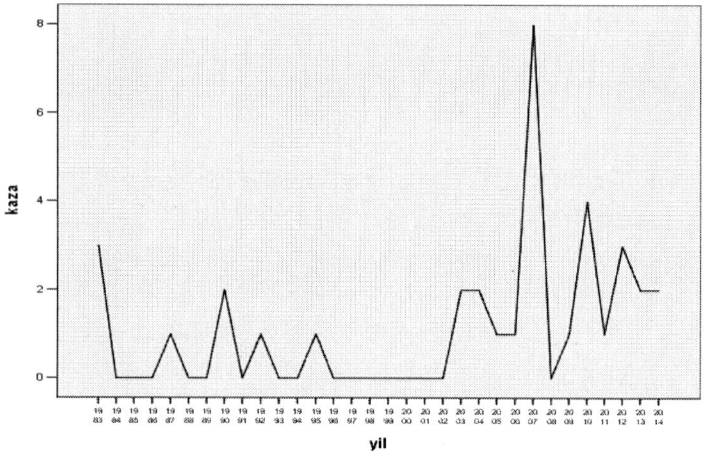

Grafik 3.1: Türkiye'deki Kömür Madenlerindeki Yıllık Patlama Sayısı

Grafik 3.1.'de yıllar itibariyle kazaların sayısında bir değişiklik olduğu grafikte görülmektedir. Frekans vektörleri bazı yıllarda sıfır olduğunda o yılı atar, bu nedenle değişim noktası analizi sıralanarak uygulanır. 1900'lı yıllarda kazaların oranlarında düşüş olduğu görülmektedir. Böylece ilk modeldeki sayısal değerlerin bağımsız Poisson ortalamalarına sahip Γ zaman önce λ_1 ve Γ zamanından itibaren λ_2 olduğunda $\lambda_2 <$ λ_1 olduğu beklenir. Bu olası bir durumdur. Birden fazla değişim noktası olduğu düşünülebilir. Bayesyen analiz için üç parametrenin önsel dağılımına ihtiyacımız vardır (Γ ; λ_1 ; λ_2). Eğer parametreleri bağımsız ve kojeguate formda ele alırsak, sonsal dağılım analitik olarak bulunabilir (Gamerman & Lopes, 2006: 143), fakat gerçek önseller bağımsız dağılıma sahiptir ($\lambda_1 ; \lambda_2$). Gilks ve arkadaşları (1996)'da Markov zinciri Monte Carlo simülasyonu çerçevesinde yeniden ağırlıklandırılarak daha fazla karmaşık radyo karbon tarihleme için uygulama yapmanın daha kolay olduğunu ortaya koymuşlardır.

R programına ait kod sayfası EK-1'de verilmiştir.

Y_i 'deki i değeri ilk yıl olan 1983 yılındaki kazaların sayısını göstersin. Değişim noktasının k yılda ortaya çıktığını varsayalım ve i yıldaki kazaların sayısı poisson rassal değişken olduğunda,

$$Y_i \approx Poisson\left(\mu\right) \qquad i = 1,........,k$$

$$Y_i \approx Poisson\left(\lambda\right) \qquad i = k+1,....., n$$

2014 yılında biten n=32 tane olmak üzere gözlem vardır.

Bayesyen modelin bağımsız önsellere sahip olduğunu varsaydığımızda,

$$k \approx Uniform \quad (1,2,........,n)$$

$$\mu \approx Gamma \quad (0.5, b_1)$$

$$\lambda \approx Gamma \quad (0.5, b_2)$$

İlave edilen b_1 ve b_2 parametreleri pozitif çoklu ki-kare rassal değişken olarak bağımsız dağılırlar. Bunun sonucunda,

$$b_1 | Y, \mu, \lambda, b_2, k \approx Gamma\left(0.5, \mu + 1\right)$$

$$b_2 | Y, \mu, \lambda, b_1, k \approx Gamma\left(0.5, \lambda + 1\right)$$

$S_k = \sum_{i=1}^{k} Y_i$ ve $S_k' = S_n - S_k$ Gibbs örneklemini uygulamak için, tam olarak belirtilmiş koşullu dağılımlara ihtiyaç vardır. μ, λ, b_1 ve b_2 için koşullu dağılımlar aşağıda verilmiştir.

$$\mu | y, \lambda, b_1, b_2, k \approx Gamma(0.5 + S_k, k + b_1);$$

$$\lambda | y, \mu, b_1, b_2, k \approx Gamma(0.5 + S_k^{'}, n - 5 + b_2);$$

$$b_1 | y, \mu, \lambda, b_2, k \approx Gamma(0.5, \mu + 1);$$

$$b_2 | y, \mu, \lambda, b_1, k \approx Gamma(0.5, \lambda + 1),$$

Değişim noktası olan k'nın sonsal dağılımı ise olabilirlik fonksiyonudur.

$$f(k | Y, \mu, \lambda, b_1, b_2) = \frac{L(Y; k, \mu, \lambda)}{\sum_{j=1}^{n} L(Y; j, \mu, \lambda)}, \tag{3.1}$$

$$L(Y; k, \mu, \lambda) = e^{k(\lambda - \mu)} \left(\frac{\mu}{\lambda} \right)^{S_k}$$

Değişim noktası analizinde model tanımlanırken, Gibbs örneklem algoritması $(G(a,b)Gamma(şekil = a, oran = b)$ dağılımını tanımlar).

1. 1:n'e kadar k rassal olarak belirlendiğinde, ve λ, μ, b_1, b_2'den 1'e kadar tanımlanır.
2. Her bir iterasyon için t=1,2…..'ye kadar tekrarlanır.

a) $G(0.5 + S_{k(t-1)}, k(t-1) + b_1(t-1))$,den $\mu(t)$ oluşturulur.

b) $G(0.5 + S_{k(t-1)}^{'}, n - k(t-1) + b_2(t-1))$,den $\lambda(t)$ oluşturulur.

c) $G(0.5, \mu(t)+1)$,den $b_1(t)$ oluşturulur.

d) $G(0.5, \lambda(t)+1)$,den $b_2(t)$ oluşturulur.

e) λ, μ, b_1, b_2 değerleri 3.1'deki eşitlik güncellenerek multinominal dağılımdan k(t) oluşturulur.

f) $X(t)=(\mu(t), \lambda(t), b_1(t), b_2(t), k(t))$ (Her bir değer kabul edilmektedir.)

g)t'ye kadar artmaktadır.

Aşağıda belirtildiği gibi Gibbs örnekleyicisi çıktısındaki değerler, 200 adet burn-in atıldıktan sonra elde edilmiştir. Tahmin edilen değişim noktası ortalaması k= 36. Poisson ortalaması 0,3 ve Poisson ortalaması 0,1'dir.

İZ GRAFİKLERİ

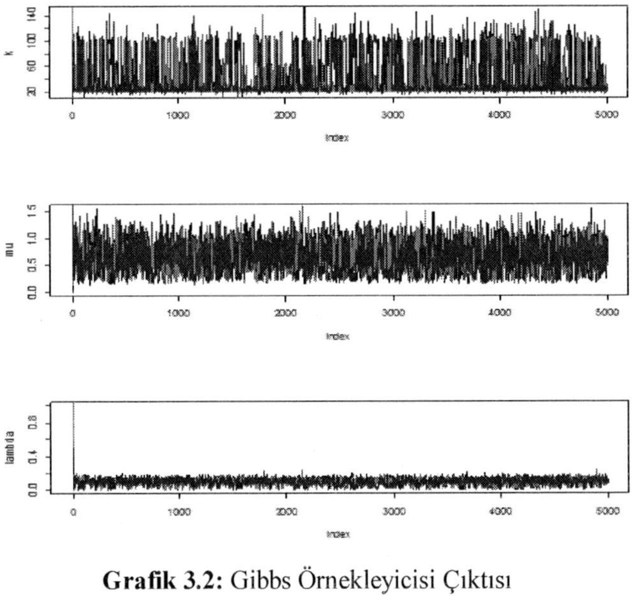

Grafik 3.2: Gibbs Örnekleyicisi Çıktısı

HİSTOGRAM VE MARJİNAL YOĞUNLUKLAR

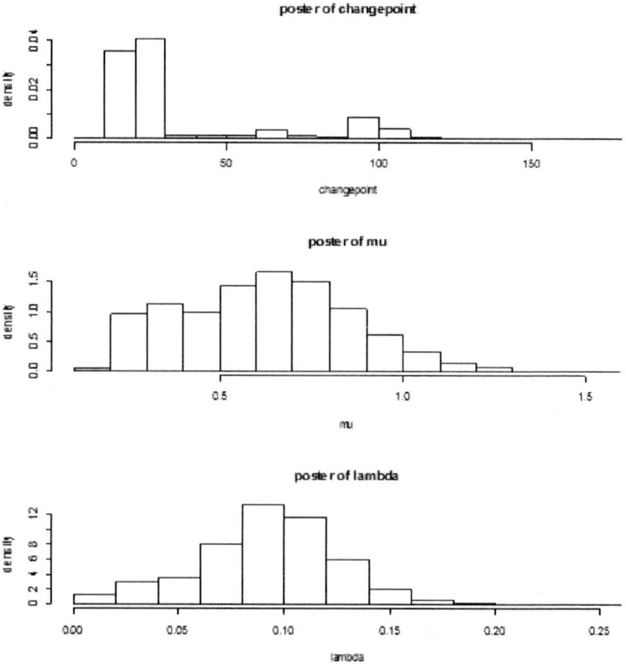

Grafik 3.3: Kömür Madenciliği Kazası İçin Değişim Noktası Analizinden Ortaya Çıkan M, Λ, Ve K 'Nın Dağılımı

Sonsal dağılımlar Markov Zinciri Monte Carlo simülasyonu yardımıyla da uygulanabilir. Chib (1998)'in uyguladığı R paket programı altında MCMCpack arayüzü yüklenerek MCMCpoissonChange C++ kodlu altyapıya sahiptir. Bu durum oranlar için bağımsız gamma önselleri ve geçiş noktaları için beta önsellerine sahiptir.

R programına ait kod sayfası EK-1'de verilmiştir.

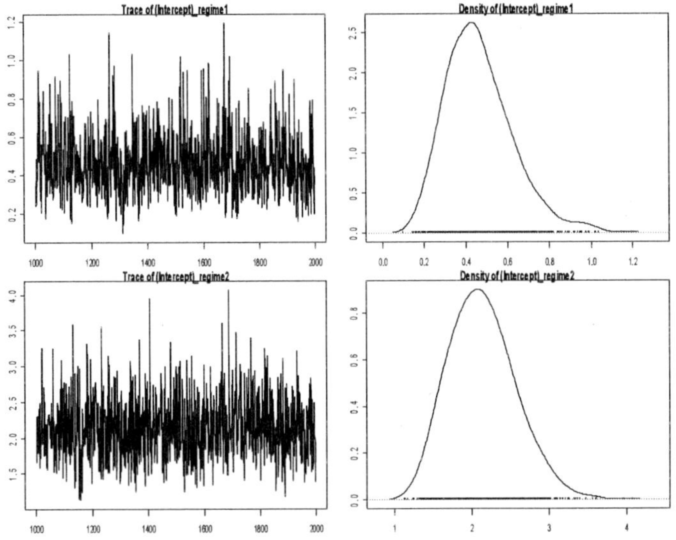

Grafik 3.4: İz ve Yoğunluk Grafikleri

Grafik 3.4'de MCMC uygulaması sonucunda elde edilen iz grafikleri ve yoğunluk grafikleri görülmektedir. Bu grafiklerde, hata terimlerine ait varyans tahminlerinin iterasyon boyunca oluşturdukları zincirler görülmektedir. İterasyonlar boyunca oluşan zincirlerin kuvvetli olduğu söylenebilir. Bütün değerlerin belirli bir bölgede sabit, otokorelasyonun olmadığını ve yakınsamanın sağlanmış olduğu görülmektedir. Buradaki her 100 iterasyonda güncellenen 1000 iterasyon için olan grafiklerdir.

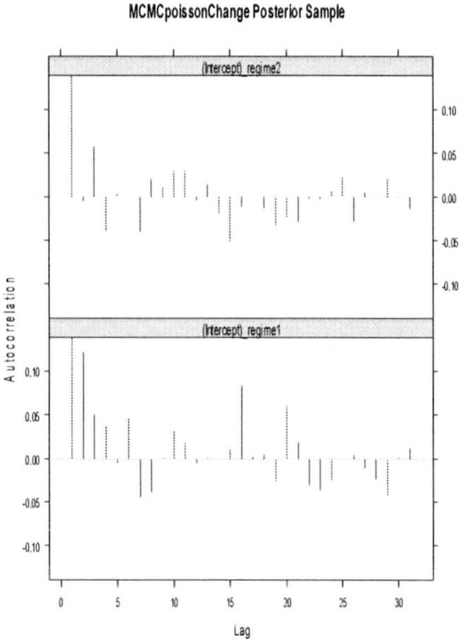

Grafik 3.5: ACF Grafiği

Grafik 3.5'de varyanslara ilişkin otokorelasyon fonksiyonları grafiksel olarak gösterilmektedir. Grafikte gözlem değerlerinin düşüşü hızlı olduğu görülmektedir. Hata terimine ait varyansın Monte Carlo tahmininin standart hatasının küçük olduğu söylenebilir.

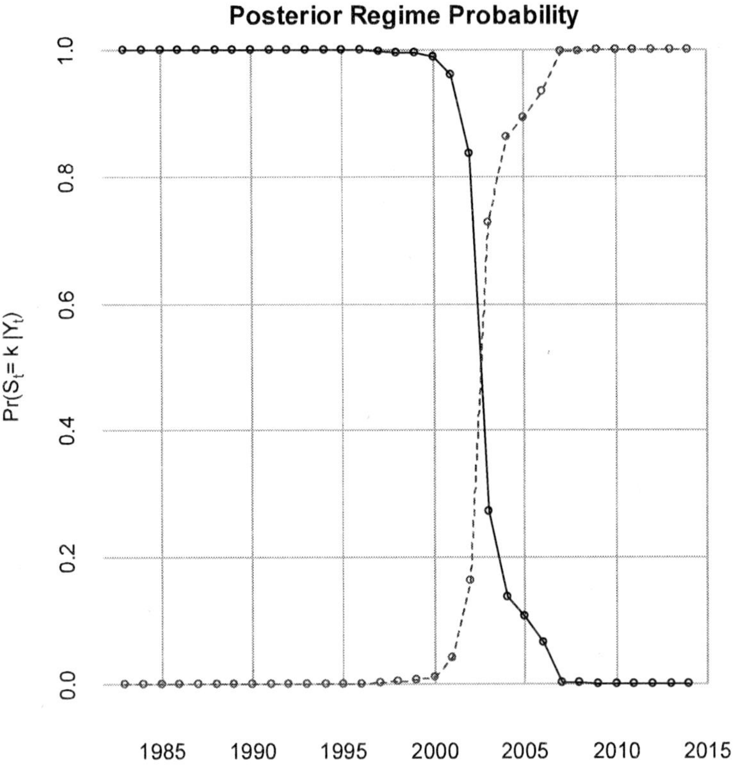

Grafik 3.6: Sonsal Olasılıklar

Yukarıdaki grafikte her daire çizgisi her bir rejimin değişen olasılıklarını göstermektedir. Rejim olasılığı 1'den başlayıp 0 civarında düşüş göstermektedir. Bu değer 2000'li yıllara denk gelmektedir. Tahminler sonucunda 2000 ile 2005 yılları arasında maden kazalarında Poisson değişim noktasına sahip olduğu görülmektedir.

Tüm bu bilgiler gösteriyor ki, m=1 değişim noktasını arıyoruz ve ortalama sayılar λ_i için gamma (1,1) önseli belirtilir. Bu yaklaşımla, MCMC'ye göre yapılmış tüm kodlama ve tasarımların hızlı ama genel olmadığı belirtilir.

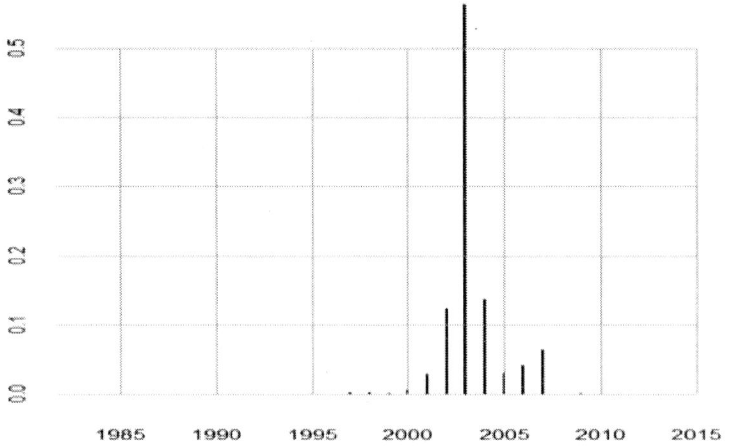

Grafik 3.7. Yıllar İtibariyle Felaket Oranlarının Sonsal Dağılımı. (Kırmızı Kesikli Çizgi Medyanı Gösterir.)

MCMC tekrarlamalı bir düzen olarak parametrelerin başlangıç değerlerini sağlamamız için vardır. Her bir çalışma için ayrı başlangıç değerleri veya rassal sonuçları verecek bir liste fonksiyonu sağlamak mümkündür. 2003 yılında Poisson değişim noktası olduğu görülmektedir.

DÖRDÜNCÜ BÖLÜM

SONUÇ VE ÖNERİLER

Bayesyen yaklaşım, istatistiksel model seçiminde ve hipotez testlerinde yaygın olarak kullanılmaktadır. Son yıllarda kullanımı artan MCMC yöntemi ile elde edilen modellerin sonsal dağılımlarını kullanan Bayesyen model seçim problemlerinde özel olarak kullanışlı olup, pek çok çalışmada kullanılmaktadır. En çok kullanılan MCMC yöntemleri, Gibbs örnekleme algoritması ve Metropolis-Hasting algoritmasıdır.

Bu çalışmada, Bayes analizi MCMC yöntemleriyle hesaplanarak, R yazılım programıyla, maden kazaları verileri kullanılarak Markov Zinciri Monte Carlo Simülasyonu değişim noktası analizi yapılmıştır. Böylelikle her bir parametreye ilişkin sonsal dağılımları hesaplayarak, marjinal sonsal dağılım grafikleri ortaya çıkarılmıştır.

Türkiye'nin 1983 ile 2014 yılları arasında meydana gelen maden kazalarının değişim noktası analizi yapılmıştır. Kömür verilerinde, meydana gelen afetlerin yılları ve o yılda meydana gelen kazaların sayısı gösterilmekedir. R kodları R programına girilerek analizler yapılmıştır. İlk olarak yıllar itibariyle meydana gelen maden kazalarının çizgi grafiği çizilmiştir. Grafikte, 1900'lı yıllarda kazaların oranlarında düşüş olduğu görülmüştür.

2000'li yıllarda gözlenen azalma giderek artmıştır. Bu yıllardaki kömür sektöründeki değişiklikler, 2000'li yılların sonlarına doğru emek verimliliğinin iyice düşmesine neden olmuştur. Olası bir nedensel bağlantı endüstriyel kaza oranlarının işyerinde sosyal ilişkilerin işleyişi durumuna bağlı olduğunu iddia eden Dwyer tarafından önerilmektedir. Kaza oranlarındaki artışa mesai gibi yüksek işgücü verimliliği de ilişkili olabilir. Analizde kullanılan Gibbs örneklemi tahmin için uygun bir yöntemdir. Çünkü bütün sonsal dağılımları vermektedir. Yapılan analizler sonucunda iz grafikleri, histogram ve marjinal yoğunlukları hesaplanmıştır. Yapılan analiz sonucunda, tahmin edilen değişim noktası ortalaması k= 36. Poisson $\hat{\mu}$ ortalaması 0,3 ve Poisson $\hat{\lambda}$ ortalaması 0,1 bulunmuştur. Daha sonra, yapılan MCMC analizi sonucunda 2003 yılında Poisson değişim noktası bulunmuştur.

MCMC analizi sonucunda bulunan 2003 yılının maden kazalarıyla ilgili olarak bir kırılma noktası olduğu görülmüştür. Taş kömürü üretiminin TTK ve taşeronları tarafından yapılması dışında 2000 yılı sonrasında özel işletmeler tarafından da üretim yapılmaktadır. Kazalar sonucu meydana gelen ölüm sayılarına TTK ve özel işletilen maden ocakları ayrımında bakıldığında milyon ton üretim başına düşen ölüm sayısının özel işletmelerde daha fazla olduğu görülmektedir. Özel işletmeli maden ocaklarında 2000 yılından itibaren üretim yapılmakta fakat asıl üretim artışı 2005 yılından itibaren görülmektedir. Özel ocaklarda üretim başına düşen ölüm sayısının, 2003 yılında bir sıçrama göstermesinin nedeni 2002 yılına göre hem üretimin düşmesi hem de kaza sonucu ölen kişi sayısının iki katına çıkmasıdır.

Literatürde konu ile ilgili çalışmalar ve ülke örnekleri ile, maden ocaklarında kullanılan sistemlerin ve teknolojinin kazaların meydana gelmesi ve ölüm oranlarının seviyesi ile ilişkili olduğu görülmektedir. Modern tekniklerin kullanıldığı bir maden ocağı ile klasik yöntemler ile çalıştırılan bir maden ocağının karşılaştırıldığı bir çalışmada yeni teknolojilerin kullanılmasının klasik yöntemlere göre hem verimliliği arttırdığı hem de kazalar sonucu zarar gören kişi sayısını azalttığı gösterilmiştir. Bununla birlikte iş güvenliğini geliştirmek üzerine sistematik eğitim programlarının etkisi üzerinde önemle durulmaktadır.

Konu ile ilgili uzmanların görüşleri de, kazalar sonucu meydana gelen ölümlerin iş sağlığı ve güvenliği konusundaki eksik uygulamalardan kaynaklandığını desteklemektedir. Kazalar ve ölümlerin nedenleri arasında havalandırma sistemlerindeki sorunlar, kaçış yolları yetersizliği, kişisel koruyucu donanımların yetersizliği gibi altyapı ve teknolojik sorunlar sayılmaktadır. Bu tür problemlerin önlenebilir olduğu ve iş sağlığı ve güvenliği ile ilgili denetim ve yaptırım yetersizliklerinden kaynaklandığı üzerinde önemle durulmaktadır.

Türkiye'de maden ocaklarında meydana gelen patlamalar ve yangınların nedenleri araştırıldığında; genel nedenlere benzer şekilde üretim yönteminin gereklerinin tam olarak yerine getirilmemesi, üretim plan ve projesinin bulunmaması ve havalandırmadaki eksiklik ve aksaklıklar ilk sıralarda yer almaktadır (Güyagüler, 2002).

Sonuç olarak, tek aşamalı yapılan poisson değişim noktası analiziyle 2003 yılının maden kazaları sonucunda değişim noktası olduğu görülmüştür.

TERIMLER SÖZLÜĞÜ

A More Formal Derivation: Resmi Türetme

An Informal Derivation: Resmi Olmayan Türetme

Aperiodic: Periyodik Olmayan

Burn-in: Belleğe yazmak

Conjugate Prior: Eşlenik Önsel

Diffuse: Yaygın

Ergodic: Ergodik

Expectation Maximization: Beklenti Maksimizasyonu

Flat: Sabit

Gaussianquadrature: Karesel Gauss

Importance sampling: Önem Örneklemesi

Irreducible: İndirgenemez

Null: Boş

Periodic: Periyodik

Prior Distrubition: Önsel Dağılım

Posterior Distrubition: Sonsal Dağılım

Recurrence: Geri Dönüşlü

Reversible Jump M-H: Tersinir Atlamalı M-H

Stationary: Durağanlık

Uniform: Tek düze

KAYNAKÇA

Kitaplar

ALBERT Jim, Bayesian Computition with R, New York, Springer, 2015.

ANDRIEU Christophe – Arnoud DOUCET – Elena PUNSKAYA, "Sequential Monte Carlo Methods for Optimal Filtering", Sequential Monte Carlo Methods in Practice, (ed.) A. Doucet - N. de Freitas - N.J. Gordon, New York, Springer, 2001.

AYTAÇ Mustafa, "Karar Verme", Markov Analizi, (ed.), Mustafa Aytaç, Necmi Gürsakal, Bursa, Dora, 2015.

BAYRAM Nuran, Veri Analizi. Bursa, Siyasal Kitabevi, 2012.

BERNARDO Jose M., Bayesyen Statistics: The New Palgrave Dictionary of Economics, (ed.), S. N. Durlauf and L. E. Blume, New York, Palgrave Macmillan, 2008.

BERNARDO Jose. M. – Adrian F. M. SMITH, Bayesian Theory, England, John & Wiley, 1994.

BOLSTAD William M., Introduction to Bayesian Statistics, New Jersey John Wiley & Sons, 2004.

BRODSKY Barbara - Boris DARKHOVSKY, Nonparametric Methods in Change-Point Problems, Dordrecht, Kluwer Academic Publishers,. 1993.

CARLIN Bradley P. - Thomas A. LOUIS, Bayes and Empirical Bayes Methods For Data Analysis, New York, Chapman & Hall, 2000.

CARLSTEİN Edward - Hans Georg MULLER - David SİEGMUND, (ed.), Change Point Problems: Papers from the AMS-IMS-SIAM Summer Research Conference held at Mt. Holyoke College, South Hadley, MA, July 11--16,

1992, Hayward, CA: Institute of Mathematical Statistics, 1994.

CSORGO Miklos - Lajos HORVATH, Limit Theorems in Change-point Analysis, New York, Wiley, 1997.

DAVENPORT Wilbur, Probability and Random Process, Boston, McGraw-Hill, 1970.

FİNETTİ Bruno, Theory of Probability, New York, Wiley, 1975.

GAMERMAN Dani - Hedibert Freitas LOPES, Markov Chain Monte Carlo: Stochastic Simulation for Bayesian Inference, Second Edition, London, Chapman & Hall/CRC Press, 2006.

GELMAN Andrew - Gareth Owen ROBERTS – Walter R. GİLKS, "Efficient Metropolis jumping rules", (ed.), Bayesian Statistics 5, J. Bernardo - J. Berger- A. Dawid - A. Smith, , Oxford, Oxford University Press, 1996.

GELMAN Andrew - Kenny SHIRLEY, "Inference from simulations and monitoring convergence", Handbook of Markov Chain Monte Carlo, (ed.) S. Brooks - A. Gelman - G. Jones - X. L. Meng, London, CRC Press, 2011.

GEYER Charles J., Introduction to Markov Chain Monte Carlo, in Handbook of Markov Chain Monte Carlo: Methods and Applications, (ed.), A. Gelman - S. Brooks - G. Jones - X. L. Meng, London, CRC Press, 2010.

GİLL Jeff, Bayesian Methods. A social and behavioral sciences approach, U.S., Chapman & Hall, 2015.

GİLKS Walter R. – Sylvia RİCHARDSON - David J. SPİEGELHALTER, Markov Chain Monte Carlo in Practice, London, Chapman & Hall, 1996.

GUJARATİ Damodor, Basic Econometrics, Boston, McGraw-Hill Irwin, 2009.

GARCİA Leon, Probability and Random Process, USA, Addison Welsey, 1993.

GÜRİŞ Selahattin, Ebru ÇAĞLAYAN, Ekonometri: Temel Kavramlar, İstanbul, Der Yayınları, 2005.

GÜRSAKAL Necmi, Subjektif Olasılık Tahminleri ve Bir Uygulama Denemesi, Bursa Üniversitesi Basımevi, 1982.

GÜRSAKAL Necmi, İstatistikte R İle Programlama, Dora Yayınevi, Bursa, 2014.

GÜRSAKAL Necmi – Selim TÜZÜNTÜRK, "Bayesgil İstatistik Karar Kuramı", Karar Verme, (ed.) M. Aytaç - N. Gürsakal, Bursa, Dora, 2015. 67-137.

IOSİFESCU Marius, Finite Markov processes and their applications, New York, Wiley, 1980.

IŞIĞIÇOK Erkan, "Karar Verme", Karar Vermeye Giriş, (ed.), Mustafa Aytaç, Necmi Gürsakal, Bursa, Dora, 2015.

JAYNES Julian, The Origin of Consciousness in the Breakdown of the Rirameral Mind, New York, Houghton Mifflin, 1976.

JEFFREYS Harold, Theory of Probability, Oxford, The Clarendon Press, 1939.

KOOP Garry - Dale J. POİRİER – Justin TOBİAS, UK, Bayesian Econometrics Methods, Cambiridge University Press, 2007.

KUN Thomas S., The structure of scientific revolutions, Chicago, University of Chicago Press, 1962.

LAPLACE Pierre Simon, Théorie analytique des probabilités, Paris, Oeuvres completes de Laplace, 1812.

LINDLEY Dennis Victor, Bayesian Statistics, A Review, Philadelphia, Pennsylvania: Society for Industrial Mathematics, 1972.

LİANG Fuyou - Chang LİU – Raymond J. CARROLL, Advanced Markov Chain Monte Carlo Methods, United States, John Wiley & Sons Ltd., 2010.

LİNK William A. - Richard J. BARKER, Bayesian Inference with ecological applications, USA, Academic Press, 2010.

LYNCH Scott M., Introduction to Applied Bayesian Statistics and Estimation for Social Scientists, USA, Springer, 2007.

NORRIS James R., Markov chains, UK, Cambridge University Press, 1997.

NYZOUFRAS Ioannis, Bayesian Modelling Using Winbugs, New Jersey, John Wiley & Sons, Inc., H, 2009.

NUMMELIN Esa, General Irreducible Markov Chains and Non-negative Operators, Cambridge, Cambridge Univ. Press, 1984.

OĞUZLAR Ayşe, Veri Madenciliğine Giriş, Bursa, Ekin Kitabevi, 2004.

O'HAGAN Anthony, The Bayesian Approach to Statistics. In Handbook of Probability: Theory and Applications, Thousand Oaks, CA, SAGE Publications, 2008.

SEVÜKTEKİN Mustafa – Mehmet ÇINAR, Ekonometrik Zaman Serileri Analizi, Bursa, Dora, 2014.

SORENSEN Daniel - Daniel GİANOLA, Likelihood, Bayesian and MCMC Methods in Quantitative Genetics, USA, Springer, 2002.

SUESS Eric A. - Bruce E. TRUMBO, Introduction to Probability Simulation and Gibbs Sampling with R, New York, Springer, 2010.

TİERNEY Luke, "Introduction to General State-Space Markov Chain Theory." In Markov Chain Monte Carlo in Practice, (ed.), Gilks W.R., Richardson S., and Spiegelhalter D.J., Boca Raton, FL, London, Chapman & Hall, 1996.

Makaleler

ARAUJO Maria Ivanilde - Basilio de Bragança PEREİRA,. "A Comparison of Bayes factors for Separated Models: Some Simulation Results. Communications in Statistics", Simulation and Computation, C.36, S. 2, 2007, ss. 297-309.

ACHCAR Jorge Alberto - Heleno BOLFARİNE, "Constant Hazard Against a Change-Point Alternative: A Bayesian Approach with Censored data", Communications in Statistics-Theory and Methods, C. 18, S. 10, 1989, ss. 3801-3819.

BARRY Daniel – John Anthony HARTİGAN, "A Bayesian Analysis for Change Point Problems", Journal of the American Statistical Association, C. 88, S. 421, 1993, ss. 309-319.

BESAG Julian, "On the Statistical Analysis of Dirty Pictures", Journal of the Royal Statistical Society. Series B (Methodological), C. 48, S. 3, 1986, ss. 259-302.

BİLİM Niyazi – Arif Emre DURSUN, "Maden Ekipmanlarına Bağlı İş Kazalarının Genel Değerlendirmesi ve Çözüm Önerileri", Türkiye 5. Uluslararası Maden Makinaları Sempozyumu ve Sergisi, 1-2 Ekim 2015, ss. 1-12.

BOUDJELLABA Hafida – Brenda MACGİBBO – Pete SAWYER, "On Exact Inference for Change in a Poisson Sequence", Communications in Statistics- Theory and Methods, C.30, S. 3, 2001, ss. 407-434.

BROEMELİNG Lyle D. - Marry Ann GREGURİCH, "A Bayesian alternative to the analysis of matched categorical responses", Communications in Statistics- Theory and Methods, C.25, S.7, 1996, ss. 1429–1445.

CARLİN Bradley. P. – Alan E. GELFAND -, Adrıan F. M. SMİTH, "Hierarchical Bayesian Analysis of Change Point Problems", Journal of the Royal Statistical Society, Series C (Applied Statistics), C.41, S.2, 1992, ss. 389-405.

CARLIN Bradley P. – Siddhartha CHİB, "Bayesian Model Choice via Markov Chain Monte Carlo Methods", Journal of Royal Statistical Society, Series B (Methodological), C.57, S.3, 1995, ss. 473-484.

CHEN Jie - Anil Kumar GUPTA, "Testing and locating variance change points with application to stock prices", Journal of the American Statistical Association, C.92, 1997, ss. 739-747.

CHEN Jie - Anil Kumar GUPTA, "A Bayesian Approach to the Statistical Analysis of a smooth-abrupt change-point model", Advances and Applications in Statistics, C.7, 2007, ss. 115-125.

CHERNOFF Hiberman - Shelemyahu ZACKS, "Estimating the current mean of a normal distribution which is subject to changes in time", Annual Mathematial Statistics, C.35, 1964, ss. 999–1018.

CHİB Siddhartha ,"Calculating posterior distributions and modal estimates in Markov mixture models", Journal of Econometrics, C.75, 1996, ss. 79-97.

CHİB Siddhartha, "Estimation and Comparison of Multiple Change-Point Models," Journal of Econometrics, C. 86, 1998, ss. 221-241.

CHİB Siddhartha- Edward GREENBERG, "Markov Chain Monte Carlo Simulation Methods in Econometrics", Econometric Theory, C. 12, 1995, ss. 409-431.

CONGDON Peter, "Bayesian model choice based on Monte Carlo estimates of posterior model probabilities", Computational Statistics & Data Analysis, C.50, 2006, ss. 346-357.

CRİSAN Dan - Arnaud DOUCET, "A survey of convergence results on particle filtering methods for practitioners", IEEE Transactions of Signal processing, C.50, S.3, 2002, ss. 736–746.

DOEBLİN Wolfgang, "El´ements d'une th´eorie g´en´erale des cha^ines simples constantes de Markov", Annales Scientifiques de l'Ecolre Normale Sup´erieure, C.57, S.3, 1940, ss. 61–111.

DYK David E.- Mark E. GLİCKMAN, Basic Bayesian Methods, Methods in Molecular Biology, ed.(Walter T. Ambrosius), Totowa, C. 404, 2007, ss. 319-338.

EVANS Micheal - Tim SWARTZ, "Methods For Approximating İntegrals İn Statistics With Special Emphasis On Bayesian İntegration Problems", Statistical Science, C.10, S.3, 1995, ss. 54-64.

ER Fikret - Harun SÖNMEZ, "Temel İstatistik Eğitiminde R For Wındows Paket Programı Kullanımı", Eskişehir Osmangazi Üniversitesi Mühendislik Mimimarlık Fakültesi Dergisi, C. XVIII, S.2, 2005, ss. 71-86.

FEARNHEAD Paul, "Exact and efficient Bayesian inference for multiple changepoint problems", Statistics and Computing, C.16, S.2, 2006, ss. 203–213.

FOTOPOULOS Stergios - Venkata JANDHYALA, "Maximum likelihood estimation of a change-point for exponentially distributed random variables", Statistic & Probability Letters, C.51, 2001, ss. 423–429.

GELFAND Alan E. - Adrrian F. M SMİTH, "Sampling-based approaches to calculating marginal densities", Journal of the American Statistical Association, C.85, S.410, 1990, ss. 398-409.

GHOSH Jayanta K. - Shrıkant N. JOSHI - Chıranjit MUKHOPADHYAY, " Inference About Sharp Changes in Hazard Rate, in Frontiers in Reliability", (ed.) Asid P. Basu - Shyamaprasad Mukhopadhyay, World Scientific, Singapore, 1998, ss. 133-142.

GOMBAY Edit - Lajos HORVATH, "Approximations for the time of change and the power function in change-point models", Journal of Statistical Planning and Inference, C.52, 1996, ss. 43-66.

GOMBAY Edit – Marie HUSKOVA, "Ranked based estimators of the change point", Journal of Statistical Planning and Inference, C. 67, 1998, ss. 137-154.

GREEN Peter J. , "Reversible Jump MarkovC hain Monte Carlo Computation and Bayesian Model Determination", Biometrika, C.8, S. 2, 1995, ss. 711-732.

GÜYAGÜLER Tevfik, "Türkiye'de Meydana Gelen Grizu Patlamalarının İrdelenmesi ve Önlem Önerileri", Türkiye 13. Kömür Kongresi Bildiriler Kitabı, ss. 45-51.

HAARIO Heiki – Eero SAKASMAN – Johanna TAMMİNEN, "Adaptive Proposal Distribution for Random Walk Metropolis Algorithm", Computitional Statistics, C.14, S.3, 1999, 375-395.

HAN Cong - Bradley P Carlin, "Markov chain Monte Carlo methods for computing Bayes factors", Journal of the

American Statistical Association, C. 96, S. 455, 2001, ss. 1122–1132.

HELD Leonard - Michael HÖHLE - Mathias HOFMANN, “A statistical framework for the analysis of multivariate infectious disease surveillance counts”, Statistical Modelling, C.5, S.3, 2005, ss. 187–199.

HENDERSON Robin – John Nigel Scott Matthews, “An investigation of changepoints in the annual number of cases of haemolytic uraemic syndrome”, Applied Statistics, C.42, 1993, ss. 461-471.

HİNKLEY David V., “Inference about the change-point in a sequence of random variables”, Biometrika, C. 57, 1970, ss. 1–17.

HİNKLEY David V. – Elizabeth A. HİNKLEY, “Inference about the chance-point in a sequence of binomial variables”, Biometrika, C.57, S.3, 1970, ss. 477-488.

HACCOU Patsy - Evert MEELİS - Sara Van de GEER, "The Likelihood Ratio Test of the Change Point Problem for Exponentially Distributed RandomVariables," Stochastic Processes and Their Applications, C.27, 1988, 121-139.

HOLMES Chris C. - Bani K. MALLİCK, “Bayesian wavelet networks for nonparametric regression”, IEEE Transactions on neural networks, C.11, S.1, 2000, ss. 27–35.

HUERTA Gabriel - Mike WEST, “Priors and component structures in autoregressive time series models”, Journal of the Royal Statistical Society-Series B, C.61, 1999, ss. 881-899.

INCLAN Carla - George C. TİAO, ”Use of Cumulative Sums of Squares for Retrospective Detection of Changes of

Variance", Journal of the American Statistical Association, C.89, 1994, ss.913-923.

JANDHYALA Venkata K. - Stergios B. FOTOPOULOS, "Capturing the distributional behavior of the maximum likelihood estimator of a change-point", Biometrika, C.86, 1999, ss. 129–140.

JANDHYALA Venkata K. - Stergios B. FOTOPOULOS, "Rate of convergence of the maximum likelihood estimate of a change-point", The Indian Journal of Statistics, C.63, 2001, ss. 277–285.

JARRETT Richard G., "A note on the interval between coal-mining disasters", Biometrika, C.66, S.1, 1979, ss. 191–193.

LEE HERBERT - David HİGDON - Zhen Bİ - Marco A.R. FERREİRA – Mike WEST, "Markov random field models for high-dimensional parameters in simulations of uid ow in porous media", Technometrics, C. 44, S.3, 2002, ss. 230-241.

LİAN Heng, "Bayes and Empirical Bayes Inference in Changepoint Problems, Communications in Statistics - Theory and Methods", C.38, S.3, 2008, ss. 419-430.

LIU Jun S., "Metropolized independent sampling wiyh comparisons to rejection sampling and importence sampling", Statistic and Computing, C.6, 1994, ss.113-119.

Loader, P.S. (1992). Spatial covariance estimation for monitoring data, in A. Walden and P. Guttorp (Eds.), Statistics in Environmental and Earth Sciences, Edward Arnold, London, pp. 52-70.

LOMBARD Fabien, “Rank Tests for Changepoint Problems”, Biometrika, C.74, 1987, ss. 615-624.

NEAL Radford, “Slice sampling. In Annals of Statistics”, C. 31, S. 3, ss. 705–767.

PESKUN Peter H., “Optimal Monte Carlo Sampling using Markov Chains”, Biometrika, C.60, 1973, ss. 607-612.

RJAS Elja – Dario GASBARRA, "Nonparametric Bayesian Inferencef rom Right CensoredS urvival Data, Using the Gibbs Sampler", Statistica Sinica, S. 4, 1994, ss. 505-524.

RAFTERY Adrian E., "Change Point and Change Curve Modeling in Stochastic Processes and Spatial Statistics", Journal of Applied Statistical Science, C.1, 1994, ss. 403-424.

RAFTERY Adrian E. –V. E. AKMAN, "Bayesian Analysis of a Poisson Process with a Change-Point," Biometrika, 1986, C.7, S.3, 85-89.

RAFTERY Adraina E. – V. E. AKMAN, “Bayesian analysis of a Poisson Process with a change-point”, Biometrika, S.73, 1996, ss. 85 – 89.

RİCHARDSON Sylvia - Peter J. Green, “On Bayesian Analysis of Mixtures with an Unknown Number of Components”, Journal of the Royal Statistical Society, C.59, S.4. 1997, ss. 731-792.

ROSENKRANZ Susan L. – Adrian E. RAFTERY, "Covariate Selection İn Hierarchical Models of Hospital Admission Counts: A Bayes Factor Approach", Technıcal Report, S.268, C.22, 1994, ss. 1-26.

SARI Mehmet - Hafize Şebnem DÜZGÜN, Celal KARPUZ, A.Sevtap SELÇUK, “Accident Analysis of Two Turkish

Underground Coal Mines”, Safety Science, 2004, S.42, C.8, ss.675-690.

SİEGMUND David, “Boundary crossing probabilities and statistical applications”, Annual Statististic, S.14, 1986, ss.361-404.

SİEGMUND David, “Confidence sets in changepoint problems”, International Statistics, S.56, 1988, ss.31-48.

SİNHARAY Sandip - Hal S. STERN, “On the Sensitivity of Bayes Factors to the Prior Distributions”, The American Statistician, S.56, 2002, ss.196-201.

SPİEGELHALTER David - Nicola BEST - Bradley P. CARLİN - Angelika van der LİNDE, “Bayesian measures of model complexity and fit(with discussion)”, Journal of the Royal Statistical Society Series B, S.64, 2002, ss.583–639.

WORSLEY Keith, “The power likelihood ratio and cumulative sum test for a change in a binominal probability”, Biometrika, S.73, 1983, ss. 455-464.

WORSLEY Keith, “Confidence regions and tests for a change-point in a sequence of exponential family random variables”, Biometrika, S.73, 1986, ss.91 -104.

YANG, Tae Yang - Lynn KUO, “Bayesian binary segmentation procedure for a Poisson process with multiple changepoints”, Journal of Computational and Graphical Statistics, S.10, C.4, 2001, ss. 772-785.

YAO Yi Ching, "Estimation of a Noisy Discrete-Time Step Function: Bayes and Empirical Bayes Approaches," Annals of Statistics, S.12, 1984, ss.1434-1447.

YİĞİTER, Ayten, “Change Point Analysis in Earthquake Data, Earthquake Research and Analysis”, Statistical Studies,

Observations and Planning, (Ed.) Dr Sebastiano D'Amico, 2012, ss.25-40.

Diğer Kaynaklar

ADAMS Ryan Prescott - David J.C. MACKAY, "Bayesian Online Changepoint Detection", 2007.

https://hips.seas.harvard.edu/files/adams-changepoint-tr-2007.pdf

ARNOLD Steven F., "Markov Chain Monte Carlo (MCMC)", 2008,

http://astrostatistics.psu.edu/su05/arnold_mcmc061505.pdf

BARBİERİ, Maria Maddalena – Andrew O'Hagan, "A reversible jump MCMC sampler for Bayesian analysis of ARMA time series", Technical report. Dipartimento di Statistica, Probabilitµa e Statistiche Applicate, Universitµa La Sapienza, Roma.1996.

BURKE Orlaith, "MCMC Output Analysis", 2012,

http://www.stats.ox.ac.uk/~burke/Autocorrelation/MCMC%20Output.pdf

CARPENTER J. - P. CLİFFORD - P. FEARNHEAD, "Improved particle filter for nonlinear problems", IEE Proceedings-Radar, Sonar Navig, S.146, C.1,1999.

DELLAPORTAS P. - J. J. FORSTER – I. NTZOUFRAS, "On Bayesian model and variable selection using MCMC", Working Paper. Athens University of Economics and Business, 1998.

DENİSON D.G.T. - B.K. MALLİCK - A.F.M. SMİTH, "Automatic Bayesian curve fitting", Working Paper. Imperial College, 1997.

EBRAHİMİ N.- A. E. GELFAND - M. GHOSH – S. GHOSH,"Bayesian Analysis of Change-Point Hazard Rate Models", Technical Report TR9708, University of Connecticut, 1997.

ESHKY Aciel, "Bayesian Methods of Parameter Estimation", University of Edimburgh. School of Informatics, 2008,

http://homepages.inf.ed.ac.uk/rbf/CVonline/LOCAL_COPIES/AV0809/eshky.pdf

GEMAN D., S. GEMAN, "Stochastic Relaxation, Gibbs Distributions, and the Bayesian Restoration of Images", IEEE Transactions on Pattern Analysis and Machine Intelligence, PAMI-6, 1984, ss. 721-741.

HİNKLEY D. - P. CHAPMAN - G. RUNGER, "Change point problems", Technical Report 382.University of Minnesota, Minneapolis, 1980.

INSUA D.R. - P. MÄULLER, "Feedforward neural networks for nonpametric regression", Discussion Paper 98-02. Institute of Statistics and Decision Sciences, Duke University, 1998.

JACKMAN Simon, "Bayesian Inference for Simple Problems", Standford University, 2012,

http://jackman.stanford.edu/classes/BASS/introduction.pdf

KOSKİ Timo, Probability Theory, KTH Royal Institute of Technology Stockholm, Sweden, 2014.

RADZIWILL Nicole, "A Simple Intro to Bayesian Change Point Analysis", 2015.

SGK (Sosyal Güvenlik Kurumu), www.sgk.gov.tr/wps/portal/tr/kurumsal/ istatistikler/sgk_istatistik_yilliklari, 2013.

Soma Maden Faciası Raporu, 2014.

http://www.barobirlik.org.tr/dosyalar/duyurular/20141112_soma madenfaciasipdf.pdf

TAŞCIOĞLU Selçuk, Bilişsel Radyo Ağları İçin Değişim Noktası Analizine Dayalı Geniş Bant Spektrum Algılama, Ankara Üniversitesi Fen Bilimleri Enstitüsü (Yayınlanmamış Doktora Tezi), Ankara, 2011.

TEPAV Raporu, Madenlerde Yaşanan İş Kazaları ve Sonuçları Üzerine Bir Değerlendirme, 2010.

TROUGHTON P.T. - S.J. GODSİLL, "Reversible jump sampler for autoregressive time series, employing full conditionals to achieve efficient model space moves", Technical Report CUED/F-INFENG/TR.304. Cambridge University Engineering Department, 1997.

Türkiye Barolar Birliği, Soma Maden Faciası Raporu, 2014.

TÜİK (Türkiye İstatistik Kurumu), İş kazaları ve işe bağlı sağlık problemleri araştırma sonuçları, 2013.

Tutorial,

https://pymc-devs.github.io/pymc/tutorial.html

http://www.r-bloggers.com/a-simple-intro-to-bayesian-change-point-analysis/

WALSH Bill, "Markov Chain Monte Carlo and Gibbs Sampling", 2004,

http://nitro.biosci.arizona.edu/courses/EEB519A-2007/pdfs/Gibbs.pdf

EK-1: R KODLARI

Uygulamada işletilen R programına ait kod sayfası aşağıda verilmiştir.

```
library(changepoint) #for kömür,
data(coal)
coalData<-read.csv("C:/Users/burcu/Desktop/kömür.txt")
 #display the data
coalData
        y.kaza
1  1 1983 3
2  2 1984 0
3  3 1985 0
4  4 1986 0
5  5 1987 1
6  6 1988 0
7  7 1989 0
8  8 1990 2
9  9 1991 0
10 10 1992 1
11 11 1993 0
12 12 1994 0
13 13 1995 1
14 14 1996 0
```

```
15 15 1997 0
16 16 1998 0
17 17 1999 0
18 18 2000 0
19 19 2001 0
20 20 2002 0
21 21 2003 2
22 22 2004 2
23 23 2005 1
24 24 2006 1
25 25 2007 8
26 26 2008 0
27 27 2009 1
28 28 2010 4
29 29 2011 1
30 30 2012 3
31 31 2013 2
32 32 2014 2

year <- floor(kömür)
data(kömür)
y <- table(year)
plot(y)  #a time plot
y<-floor(kömür[[1]])
y<-tabulate(y)
y<-y[1983:length(y)]
```

Kömür madenciliği kazalarının yıllık sayısının Sıralanması:

3 0 0 0 1 0 0 2 0 1 0 0 1

0 0 0 0 0 0 0 0 2 2 1 1 8

0 1 4 1 3 2 2

R Kodları:

```
     post.k  post.mu post.lambda
[1,] 36.9130 0.6146246  0.09067994
[2,] 35.7095 0.6258379  0.09179542
[3,] 34.5105 0.6336644  0.09351841
[4,] 37.3080 0.6188674  0.09066087
```

R kodu aşağıdaki gibidir:

```
> ## D is an integer vector of N = 32 counts.
> library(MCMCpack)
> fit <- MCMCpoissonChange(D ~ 1, m = 1, c0 = 1, d0 = 1,
+ burnin = 1000, mcmc = 1000)
> plot(fit); par(mfrow=c(1,1))
> acfplot(fit); effectiveSize(fit)
(Intercept)_regime1 (Intercept)_regime2
         782.2126          1000.0000
> summary(fit)
Iterations = 1001:2000
Thinning interval = 1
Number of chains = 1
Sample size per chain = 1000
```

1. Her bir değişkenin ortalama, standart sapma ve ortamaların standart hatası:

	Ortalama	Standart Sap-ma	Standart Hata	Zaman Serisi Standart Hata
regime1	0.4669	0.1623	0.005133	0.005804
regime2	21.423	0.4316	0.013648	0.013648

2. Kartiler

	2.5%	25%	50%	75%	97.5%
regime1	0.2044	0.3481	0.4452	0.5596	0.8525
regime2	13.952	18.333	21.143	24.064	30.682

```
> plotState(fit)
> plotChangepoint(fit, start = 1983)
```